U0213573

東湖梅花 鉴赏手册

东湖花事丛书

——这里是东湖／梅园在这里／梅花知多少
梅花故事多／梅花诗飘香／梅花进万家

武汉市东湖风景区文化旅游体育局 编

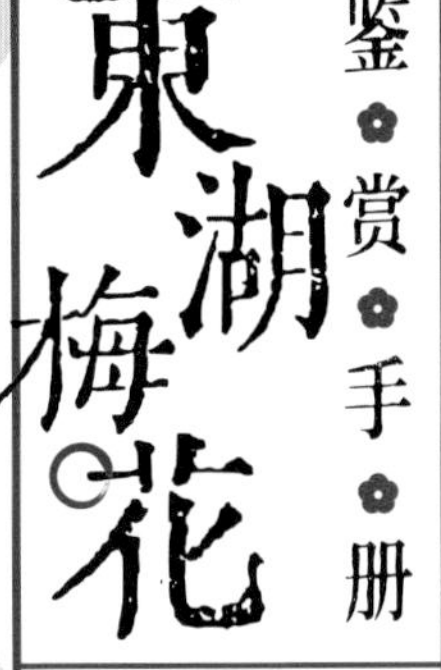

武汉出版社
WUHAN PUBLISHING HOUSE

目录

这里是东湖

武汉东湖生态旅游风景区位于湖北省武汉市中心城区。它以大型自然湖泊为核心，集5A级旅游景区、国家级湿地公园、国家生态旅游示范区为一体。其前身为爱国民族资本家周苍柏于1930年创设的“海光农圃”，中华人民共和国成立后更名为“东湖公园”，1950年中南军政委员会将“东湖公园”改称“东湖风景区”。1979年东湖被列为国家自然风景区，1982年国务院将东湖列为第一批国家重点风景名胜区。为了进一步促进和加快东湖风景区的保护、建设和发展，2006年武汉市成立东湖生态旅游风景区管理委员会，对东湖风景区及景区外围托管区域共81.68平方公里实施统一管理。

东湖风景区地处北纬 30 度线，景区核心区域总面积约为 61.86 平方公里，其中水域广达 33 平方公里，由 11 个大小湖泊构成，湖岸线长 133.7 公里，有“中国最大城中湖”美誉。沿湖 101.98 公里生态绿道，将磨山景区、听涛景区、落雁景区、吹笛景区及辖区内的武汉植物园、武汉欢乐谷、东湖海洋世界等景区景点一线串珠，给游客打造了一个多姿多彩的旅游胜境。东湖全年接待游客 2300 多万人次。来到这里的人们，一年无论何季，一天无论何时，都能一览东湖的千面美色。

东湖水面平静，视野开阔，水质澄碧，湖山一色。风晴雾霭，四季景色各异：春归，细雨蒙蒙，似一抹轻纱，笼罩远山近水，若隐若现；盛夏，晴空烈日，碧波万顷，宁谧清幽；秋来，微风吹拂，波光粼粼，霞光辉映；冬至，白浪翻涌，惊涛拍岸，游人漫步湖滨，可引起“疑海听涛”的遐想。

风景区内共有大小山峰 34 座，东西向呈雁行排成三列，山峦叠翠，绵延起伏。山势虽不甚大，却高低错落有致，加以山上层林苍叠，从不同角度环视，皆可得变化无穷的山水画意。东湖的山都可登临，

其中最为秀丽的是磨山，民间早有“十里长堤，八里磨山”之说。山上松桂茂密，植物品种繁多，山间小道环绕，登山远眺，湖港洲渚，蜿蜒曲折，舟楫往来，波光闪闪，湖光山色，尽收眼底，益发使人感到妩媚多娇。

全景区有自然林和人工林面积近 7000 亩，雪松、水杉、池杉、樟树、枫树、香柏等树木 375 种，其中不乏对节白蜡、红豆树、金桂、垂直重阳木、古朴等古树名木。东湖拥有梅园、荷园、樱园等 13 个植物专类园。其中梅园是中国梅花研究中心所在地，拥有梅花品种 340 余种，是全世界梅花品种最多最全的梅花种质资源圃；荷园是中国荷花研究中心所在地，有荷花 700 多种，是世界上规模最大、品种最全的荷花种质资源圃；樱园有樱花 50 余种，定植樱花树上万余

株，被称为世界三大赏樱胜地之一。冬有梅花傲雪，春有杜鹃争妍，夏有荷花凌水，秋有丹桂飘香。东湖四季花开不断。

东湖拥有国内最完整的城市湖泊生态系统。120 多个岛屿星罗棋布，湖岸曲折幽深，湿地野趣盎然，为珍稀动物提供了绝佳的栖息之地。景区内拥有珍稀鸟类 5 大类 234 种，其中濒危鸟类 2 种，二级保护鸟类 9 种，野生水禽鸟类 30 余种。每到冬、春两季，东湖便成了南来北往候鸟的天堂，集中栖息地有落雁景区的走人棋鸟岛与听涛景区的梅岭。

2016 年至 2017 年，东湖绿道一期二期相继建成，成为国内首条城区内 5A 级旅游景区绿道。东湖绿道依托山、林、泽、园、岛、堤、田、湾 8 种自然风貌，秉持“怡然东湖畔，行吟山水间”理念设计，共建有 7 个绿道区段、10 大明星节点、25 处景观亮点、27 个大小驿站，

海光農圃

建成之初便成功入选“联合国人居署中国改善城市公共空间示范项目”。位于东湖绿道二期白马道段桃花岛上的东湖国际公共艺术中心，一经亮相便得到追捧，成为游客争相打卡的网红景点。

东湖是全国最大的楚文化游览中心，有楚文化标志性建筑楚天台、楚城及离骚碑等内涵丰富的历史景观，还有全国第一座中国古代寓言故事雕塑园。位于风景区内的湖北省博物馆有馆藏文物 20 余万件，其中曾侯乙编钟、越王勾践剑等国宝级文物享誉中外。与湖北省博物馆一路之隔的湖北省美术馆，也是东湖的另一文化地标。武汉大学紧邻东湖，坐拥珞珈山，校园环境优美，风景如画，被誉为“中国最美丽的大学”。华中科技大学、中国地质大学（武汉）等高校群怀抱东湖吹笛景区，共同构建美丽东湖的人文气象。

自古以来，东湖就是游览胜地。屈原在东湖“泽畔行吟”，楚庄王在东湖击鼓督战，刘备在东湖磨山设坛祭天，李白在东湖湖畔放鹰挥毫……新中国成立后，毛泽东主席先后 48 次下榻东湖，在此接见了 64 个国家的 94 批外国政要及众多国际知名人士。2018 年 4 月 28 日，习近平总书记与印度总理莫迪在东湖会晤，一时间东湖举世瞩目。2018 年 5 月 9 日，上合组织首届旅游部长会议在东湖之畔举行，各国嘉宾齐聚东湖。而此前，英国首相特雷莎 · 梅女士、法国总理贝尔纳 · 卡泽纳夫先生、比利时王国国王菲利普先生等先后到访武汉，都领略过东湖的无限风光。正因频繁地亮相国际舞台，东湖向世界递上了一张美丽的武汉名片，逐渐变身外交主场城市的“会客厅”，站上了“世界级城中湖典范”的新高度。

武汉水世界，人间大舞台！

东湖名片

1. 国家 AAAAA 级旅游景区

中国旅游景区最高等级。2013 年，东湖被国家旅游局评定“国家 AAAAA 级旅游景区”称号。

2. 国家级风景名胜区

1982 年，东湖被国务院列为第一批国家级重点风景名胜区。

3. 中国国家湿地公园

国家湿地公园是由国家林草局批准建立、有一定规模且能发挥

湿地能效的水体公园。东湖国家湿地公园面积 10.2 平方公里，地跨吹笛景区、落雁景区，湿地率达 63.7%。

4. 中国梅花研究中心、中国荷花研究中心

东湖磨山梅园是中国梅花研究中心所在地，这里保存有全世界梅花品种最多最全的梅花种质资源圃。“古梅园”里最长寿的一棵梅树有 800 多岁。

东湖磨山荷园是中国荷花研究中心所在地，拥有世界上荷花品种最多、质量最好的荷花资源圃。

5. 世界级城市绿道

2016 年，东湖绿道入选“联合国人居署中国改善城市公共空间示范项目”。

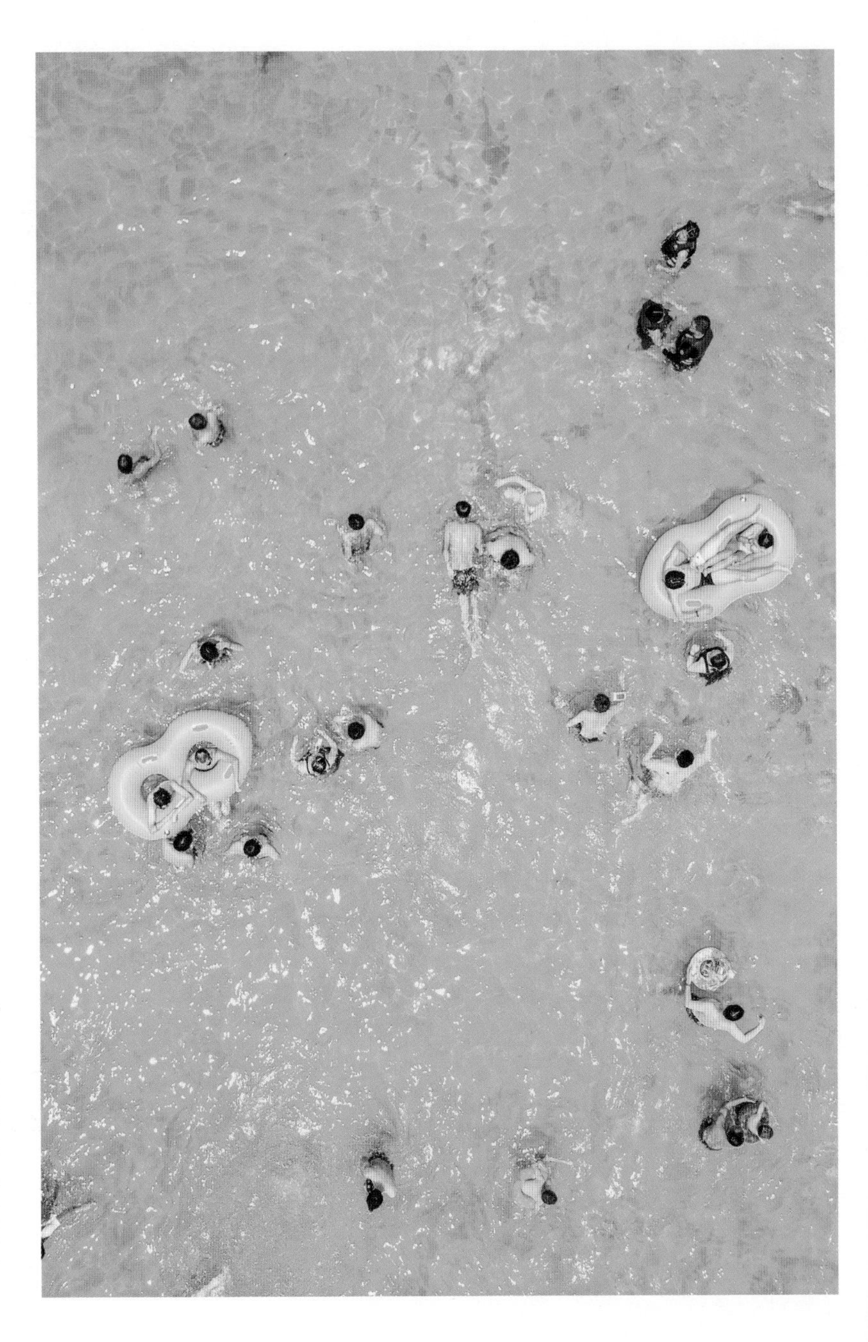

6. 世界赏樱胜地

东湖樱园有樱花 10000 余株，拥有多个珍稀品种，可从 2 月绽放至 4 月，与日本弘前樱花园、美国华盛顿樱花园并称为世界三大赏樱胜地。

7. 世界休闲运动胜地

东湖是深受市民欢迎的运动休闲景区。一年一度世界田径银标赛事“武汉马拉松”的终点设在东湖。2019 年第七届世界军人运动会的马拉松、公路自行车、公开水域游泳和帆船等四项比赛，在东湖举办。东湖被誉为“最美山水赛场”。

梅园在这里

欢迎来梅园

“且喜东湖春早到，红梅万树一齐开。”要到武汉看梅花，首选地当然是位于东湖风景区磨山景区的梅园了。梅园是中国梅花研究中心所在地、中国梅文化馆所在地，也是中国著名的赏梅胜地，以其品种繁多位居江南四大梅园之首。“武汉东湖梅花节”是全国有影响的花卉节庆之一，年游客接待量近 40 万人次。

东湖梅园又称东湖磨山梅园，位于 5A 级景区东湖风景区磨山景区内。梅园创建于 1956 年，现占地 800 余亩，定植梅树 2 万余株。园区按江南园林风格设计建造，整体布局以梅为主景，松、竹为配景。梅依山水而置，或疏或密，加上劲松修竹掩映其间，自然地形成了“岁寒三友”景观。

怎么来梅园呢?

1. 如果你自驾而来：一、由汉口、青山、武昌水果湖等方向过来，可以上二环线，经东湖隧道，在鲁磨路出口出隧道，上坡后于前方红绿灯处调头，再往磨山景区方向前行；二、从光谷、洪山等方向过来，可从光谷高架桥或鲁磨路往东湖隧道方向，按道路指引牌到磨山景区。磨山景区南门附近有梅园东停车场和樱园停车场，停好爱车后步行即可到梅园。

2. 如果乘坐公交，可以乘坐 401、402、413 路公交到终点站磨山景区，行至公交站对面沿着往西方向道路步行约 500 米即到东湖梅园。

3. 如果想慢节奏休闲游，有两个选择：一是可以在风光村、梨园广场、白马驿站等绿道入口处乘坐游览观光车或骑自行车直接到达磨山景区内东湖梅园门口；二是在东湖听涛景区内游船码头和汉街游船码头乘坐游船，到达磨山梅园码头，上岸后就是东湖梅园。这两个游览方式，会让旅途更惬意、更环保。

伴你游梅园

有人说，东湖梅园的美，处处散发着中华文化的芳香，渗透在每一条楹联上、每一个篆刻里、每一棵梅树上、每一枝花蔓上……是的，经过多年修建，东湖梅园逐步形成了一些独具特色的景点，这些景点让东湖梅园更加引人入胜。

咏梅影壁

进入梅园大门，首先映入眼帘的是刻于一座影壁上的毛泽东雕像。一代伟人毛泽东一生酷爱梅花。他 48 次来武汉，每次都住东湖。这幅影壁上的雕像，就是东湖梅园职工依照他在东湖时的照片雕刻而成的。毛泽东坐在藤椅上，气定神闲，深邃的目光注视着远方，

可亲可敬！雕像旁刻着毛泽东著名诗词《卜算子 · 咏梅》手书作品。在“高天滚滚寒流急”的 20 世纪 60 年代初，毛泽东这首词极大地提振了中国人民的信心和勇气。他那泰然自若的神情、磅礴潇洒的书法，深深地影响着一代又一代中国人。

影壁背面是“清韵”字碑。“清韵”二字就是梅花风格的写照。世界上第一部梅花专著宋代诗人范成大的《梅谱》，概括梅花的特点为“以韵胜、以格高”。梅花清幽、色雅、格高、韵胜，自古以来备受人们的推崇和喜爱，其傲霜斗雪、不屈不挠的崇高品格，更是我们中华民族伟大精神的象征。

影壁正面主题画像、背面主题字两旁，都是中国传统吉祥图案“喜鹊登梅”雕画。喜鹊是好运与福气的象征，鹊闹枝头传喜讯。梅开五瓣，象征五福。梅花是春天的使者，而喜鹊登梅意味着吉祥、喜庆和好。

岁寒三友

在百花凋零的寒冬，红梅傲然怒放，青松坚强不屈，翠竹犹自挺立。它们具有相同的品性和精神，被人们称为“岁寒三友”。整个东湖梅园就是以梅花为主景，松、竹为背景，与景石配植而成，组成一幅天然的岁寒三友图。

梅花观止

问君赏梅何处去，东湖梅花观为止！闻香步入梅园，即见一座高耸的太湖石碑上刻有“梅花观止”四个苍劲有力的大字。通过山石、苍松、翠竹的巧妙搭配和衬托，梅花的姿、神、色、韵融于一体，尽情展现。这里是目前国内最大、最美的梅花写意地景。“梅花观止”四个字，是著名画家周韶华所书。

梅品争艳

“梅品争艳”景点，即中国梅花品种资源圃。东湖梅园作为中国梅花研究中心所在地，目前收集梅花品种340余种，是全国所有梅园中收集梅花品种最多最好最全的梅花品种资源圃，其中有160多个品种已进行了国际登录，占总登录品种的三分之二。这里不仅为游人呈现色彩纷呈、姿态各异、形式多样的美的享受，同时成为各大高校的科普教育基地，也为国家保存着宝贵的梅花种质资源。

一枝春馆

“一枝春馆”占地4400平方米，建成于1999年，是一组江南园林建筑风格的古典式建筑，由曲廊与小桥流水合围成一个相对独

立的院落：白墙、青瓦、朱柱、飞檐、重阁。这里主要展示梅花写意盆景、桩景、插花、地景，以及梅花品种图片和与梅花相关的诗词、字画等。

“一枝春馆”馆名取自于南北朝陆凯的《赠范晔诗》。北魏陆凯，是东平王陆俟之孙，曾出任正平太守，文辞优雅。陆凯有个文学挚友范晔（即《后汉书》作者）。北魏景明二年，陆凯率兵过梅岭，正值岭梅怒放。他立马于梅花丛中，回首北望，想起了陇头好友范晔，又正好碰上北去传递公文的驿吏。陆凯便折了一枝寒梅，拜托驿吏携往北方赠与范晔，并作《赠范晔》诗一首：“折花逢驿使，寄与陇头人。江南无所有，聊赠一枝春。”以梅花传递友情，自陆凯始，便为佳话。后人以“一枝春”作为梅花的代称，也常用作咏梅和别后相思的典故，并成为词牌名。

残桥古梅

沿着小径进入梅林深处，有两处宋式古桥，一为暗香桥，一为水清桥。桥旁那一茎虬髯苍劲的梅枝，在漫天飞絮里延伸，只一缕冷香，便晕染数朵红梅。桥下水波潋滟，流水淙淙，梅花倒映其间。古桥、老梅、苍石，在朦胧的月色下再现了林逋当年“疏影横斜水清浅，暗香浮动月黄昏”的诗情画意。

李白闻笛

明明是初夏，李白却看到了冬天的梅花。李白，这位唐代伟大的浪漫主义诗人，被后人誉为“诗仙”。公元 758 年，年近 60 岁的李白，因陷永王之乱，被朝廷以反叛的罪名发配夜郎。在流放途中，写下了这首惊艳千年的七言绝句《与史郎中钦听黄鹤楼上吹笛》（又作《黄鹤楼闻笛》）：“一为迁客去长沙，西望长安不见家。黄鹤

楼中吹玉笛，江城五月落梅花。”因为被流放，他的心情是何等苦闷！那一天与朋友史郎中在黄鹤楼上对饮，忽然听到一阵笛声，吹的是《梅花落》曲子。江城五月，正是初夏暖热季节，可一听到这凄凉的笛声，李白顿感寒意阵阵袭来，仿佛置身于梅花漫天飘落的冬季一般。此次经历后，仅过了四年，李白便辞别人世。这首为人们传诵了一千多年的七绝，被镌刻在黄鹤楼上，诗中的“江城五月落梅花”就是武汉又名“江城”的最初由来。

东湖梅园“李白闻笛”，将李白置身一片梅林，微风吹过，片片飘落的梅花花瓣，好似片片音符。

梅映清波

东湖梅园紧邻浩瀚东湖。湖边栈道，由一条条规则的木板铺成，

一米多宽，一路蜿蜒，宛如一条素雅的飘带弯曲地绕着湖岸向远处延伸而去。湖岸，一簇簇梅枝斜逸而出。隆冬时节，那一片片梅花在白皑皑的雪地里，粉红的，雪白的，淡紫的，宛如一团团朝霞。微风吹过，随风飘来的，是那一股股沁人的芳香。微风吹皱一湖碧水，涟漪层层，花影浪漫。湖水、栈道、梅花构成一幅硕大的风景画。

梅妻鹤子

宋代诗人林逋（字和靖），一生写了许多咏梅诗，大赞梅花风韵，为后世文人所称道。他以学识渊博闻名于世，但不慕名利，不愿为官。大约四十岁时，他在西湖小孤山盖了几间茅屋隐居起来，于房前屋后遍植梅树。待到腊梅开放之时，他十分陶醉，歌咏啸傲其中。他养了好几只白鹤，爱鹤如子，天长日久，白鹤和林逋结下了深厚的感情。有时林逋出游，碰巧家里有客人来访，白鹤就飞到他身边盘旋，叫唤着仿佛在催他回家。客人离开时，白鹤也会鸣叫仿佛在送行。

林逋不同凡俗的生活态度，成为许多人向往的目标。东湖梅园“梅妻鹤子”景点以梅花、仙鹤、茅屋作景，将林和靖先生恬然自适的隐逸生活展现得淋漓尽致。此外，东湖梅园还建有放鹤亭。

古梅园

梅花是少有的寿星树种之一，树龄可达千年。梅花因其萌生力强，几经生死起伏而长寿不衰，而深受国人青睐。古梅园是 2009 年由万达集团董事长王健林先生捐资 600 万元兴建，占地面积 150 亩，是全国乃至全世界唯一一个将百年以上古老梅树集中养护、栽培和展示的地方。古梅园共栽种从全国各地收集的百年以上的古老梅树 158 棵，树龄达 300 年以上的达 20 多棵。其中最古老的梅树的树龄达 800 余年，是名副其实的“梅祖宗”，虬枝古干，似乎一阵微风就可以将它吹倒，但它历经百年风霜雨雪，仍然古朴苍劲，枝茁叶茂，清香不绝。

'美人梅'
P. mume 'Meiren Mei'
树龄800余年，人工移植最古老的梅树，号称"梅魂"，嫁接品种为'美人梅'，花淡紫红，枝叶暗紫红色，美丽至极。
Aged over 800 years old, it is called "Meiren Mei" which is the grafting variety of the oldest artificial transplanted prune tree with the known title of the "Mei Soul". The flower is pale purple, its branches and leafs are purple red. It is extremely beautiful.

妙香国

“妙香国”景点，即“中国梅文化馆”，馆名由中国工程院院士陈俊愉亲笔书写，是梅文化展示及传播的重要基地。馆名得自于清乾隆时期诗人王镐诗：“闻说妙香国，妙香何处得。横斜两三枝，空山自春色。”主要展出历代文人墨客的诗词歌赋，凝聚了中华梅文化的精华。妙香国占地 5000 平方米，以院落空间为依托，于窗前廊道转角处布置风格各异的桩梅组景，营造系列梅文化创意空间，成为梅文化精髓收藏地。

煮酒论英雄

三国时，刘备参与到反曹操的政治力量中，但因实力不济，又不敢公开对抗曹操。为避免引起曹操的疑心，从而加害自己，刘备就每天浇水种菜，装出一副胸无大志的样子。时值青梅绽开的时节，曹操煮上青梅酒邀请刘备同饮，曹操问刘备："谁是天下的英雄呢？"刘备列举了不少人，都被曹操否定了。曹操说："天下的英雄只有两人，那就是你和我呀。"刘备听后大惊，以为自己的心思被曹操识破了，吓得筷子都从手里掉到地上。这时正好雷声大作，刘备很机智地说："雷声太大，好吓人呀！"曹操认为刘备胆小如鼠，胸无大志，就放松了对刘备的警惕。后来刘备请求出征袁术，得以逃离曹操的掌控，此后又找到机会寻求发展，终成一代豪杰。这就是"青梅煮酒论英雄"典故的由来。梅具有生津止渴、清凉润肺之效，在民间，青梅煮酒亦很盛行。

分外香

在古梅园北侧，有一片由蜡梅与景石组成的大型地景，景石上刻“分外香”三个字，它取自元代诗人耶律楚材的《蜡梅》：“枝横碧玉天然瘦，蕾破黄金分外香。”蜡梅花瓣金黄剔透似黄金，使其显得雍容华贵而具有皇家风范。而梅花“不经一番寒彻骨，怎得梅花扑鼻香”体现的则是梅花的品格。

冷艳亭

冷艳亭位于东湖梅园内梅花岗中部最高处，是东湖梅园的标志性园林建筑。始建于 1984 年，为钢筋混凝土仿木结构，风格上为仿江南古建筑。该亭重檐攒尖五角，为五边形平面五角亭，寓意梅花五瓣。清代俞樾内子有诗句云“耐得人间雪与霜，百花头上尔先香。

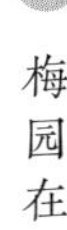

清风自有神仙骨，冷艳偏宜到玉堂”。“冷艳”二字恰当地体现了梅花的品格。冷艳亭两边所挂楹联“冷香识我无多，知音当许林和靖；艳句撩人有几，顾影还怜陆放翁”被评为中国五大赏梅圣地的名联。

梅妃亭

“梅妃”即唐玄宗李隆基的宠妃江采萍。江采萍温柔婉约，淡妆素面，清爽宜人，入宫后深得唐玄宗宠爱。她才高八斗，擅乐器、晓歌舞，尤其喜爱梅花。花开时节，常徘徊梅林，赏花作赋，悠然忘我。唐玄宗封她为“梅妃”，命人在其宫中种满各式梅树，并亲笔题写院中楼台为“梅阁”、花间小亭为“梅亭”。

数年后，唐玄宗封杨玉环为贵妃，她能歌善舞，倾国倾城，是著名的古代“四大美女”之一。唐玄宗从此不理朝政。梅妃知情后觐见皇帝，赠诗劝诫。杨贵妃听闻不悦，多番设计陷害，最终将梅妃打入冷宫。

一次，唐玄宗和江、杨二妃一同饮酒，一时心血来潮，命二人各赋诗一首。江采萍略一沉思，吟出《梅诗》：“撇却巫山下楚云，

南宫一夜玉楼春。冰肌月貌谁曾似，锦绣江山半为君。”前两句明显讽刺杨玉环攀龙附凤，“撇却”原先的丈夫投入公公的怀抱。后两句有“月”有“半”——“胖”，意在嘲笑杨玉环过于肥胖。杨玉环可不是吃素的，随即吟出《笑梅》：“美艳何曾减却春，梅花雪里笑天真。总教借得春风早，不与凡花斗色新。”这首诗表面上是说雪中梅花就算开得再美，也挡不住春天到来的脚步，而其中的深意，则是在嘲讽梅妃虽然进宫较早，但不过是“凡花”一朵，早晚也逃不过失宠的结局。

“安史之乱”爆发后，唐玄宗携杨贵妃逃往蜀地，却将梅妃留在了长安。而梅妃为保住清白之身，用白布将自己裹住，跳下古井。

唐玄宗回到长安后看到梅妃画像，非常伤心，于是题了一首七绝《题梅妃画真》：“忆昔娇妃在紫宸，铅华不御得天真。霜绡虽似当时态，争奈娇波不顾人。”先是回忆梅妃生前形象，虽然铅华不施却依然靓丽多姿，淡雅高洁，后感叹画中的梅妃虽然酷似真人，怎奈她那娇媚的双眼再也不会向自己送来脉脉温情了。

梅友雕塑

在“中国梅文化馆”旁，竖立着以两个人拿着梅树条在细细探讨为内容的雕塑，这就是“梅友”雕塑。2012 年建在梅园花溪源头的这座雕像，是纪念为武汉梅花事业蓬勃发展作出了卓越贡献的两位“爱梅人”。右边是中国工程院院士、人称“梅花泰斗”的陈俊愉先生，左边是东湖梅园创始人、人称“梅痴”的赵守边先生。他俩因“梅”结下患难之交，并肩战斗 40 余年，为梅花事业呕心沥血，披荆斩棘，硕果累累，深受后人敬仰。

陈俊愉（1917—2012 年）：生于天津，祖籍安徽安庆。1940 年金陵大学园艺系毕业（农学士），1943 年园艺研究部毕业（农硕士），1947 年丹麦哥本哈根皇家兽医及农业大学荣誉级科学硕士。曾任武汉大学教授、华中农学院教授、北京林学院教授及博士生导师等。1997 年当选为中国工程院院士。1998 年被国际园艺学会任命为梅国际品种登录权威。潜心传统名花研究七十载，创造了中华梅花北移之奇迹，创建了观赏园艺与园林学科教育，开创了中国植物品种国际登录之先河。成果获部级科技进步奖一至二级共 9 项、国家奖一至三级共 4 项，出版专著 14 部，发表论文 180 篇。他引种培植了梅园内保存的大部分梅花品种，指导成立了中国梅花研究中心，培养了许多研究人才，被誉为中国梅花界的“梅花泰斗”。

赵守边（1916—2003 年）：河南兰考人。1936 年毕业于河南商丘农校，1955 年开始在磨山植物园从事梅花研究管理工作， 1991 年起任中国梅花研究中心副主任、教授级高级工程师，享受国务院政府特殊津贴，1998—2003 年任国际梅品种登录中心三人领导小组成员之一。他不辞劳苦，走遍全国，引进培育梅花品种 200 余个，定植梅园 300 多亩，是东湖梅园建设的拓荒人，是中国梅花研究中心创立的奠基人。他一生守护梅花，热爱梅花，被喻为“梅痴”。

左一为赵守边先生

梅花岗

梅雪争春

武汉梅花节

中国武汉梅花节，作为全国有影响的赏梅节日之一，由武汉市人民政府和中国梅花研究中心共同举办。自1982年举办第一届以来，至2022年40年间共举办了40届，举办地点都在武汉东湖梅园。

武汉梅花节以知识性、科普性、观赏性、趣味性、参与性为特点，全方位、多层次地向游人展示东湖梅园的美景和梅文化的深邃内涵，开展“赏梅游园”“梅花科普宣传”“梅文化歌舞表演”“梅花美食文化”“中小学生作文比赛”“梅花摄影艺术展”“梅花书画展览”“梅树认养”“梅花茶艺表演”“我爱梅花，我为国花投一票”等活动，深受广大市民和游客的喜爱。

经过60多年的发展建设，东湖梅园成为中国梅花研究中心所在地，有梅花品种340余种，种植梅花2万余株，其中国际登录品种163种。无论是定植梅花数量、拥有梅花品种，还是梅花科研力量等

方面都处于全国领先地位。东湖梅园已经成为全国著名的赏梅胜地，年接待游客近 40 万人次。中国武汉梅花节已经成为武汉人民春节旅游文化活动的盛事和武汉市的特色旅游项目，辐射华中，影响全国。

梅园建设多艰辛

20 世纪 50 年代初，政府筹建东湖风景区。时任东湖风景区管理处处长的万流一，在东湖之畔征得大片水面和土地，准备以西湖为蓝本建设东湖。磨山三面临水、孤峰耸翠，地理环境类似西湖孤山，于是规划在此建设梅园。万流一还为它题写了一个园名：梅花观止。

时任武汉大学农学院副教授的陈俊愉先生被聘为梅园规划顾问，磨山植物园主任赵守边负责梅园建设及梅花搜寻工作。他们几度进川，搜寻梅花名品，历尽艰辛，先后从四川运回梅树 1000 多株，其中包括‘大羽’‘凝馨’‘粉口’‘白须朱砂’‘金钱绿萼’等珍贵品种。它们被分别植于磨山南麓的梅花岗和听涛景区的梅岭。种

植在磨山“梅花岗”的700多株川梅，奠定了今日磨山梅园的基业。

此后，梅园先后引种了北京的‘骨红垂枝’‘双碧垂枝’，云南的‘台阁绿萼’‘春城小朱砂’，安徽的‘洪岭二红’‘徽州檀香’‘黄山黄香’，南京的‘蹩脚晚水’‘南京红须’，上海的‘香雪宫粉’，青岛的‘银边飞朱砂’‘淡寒香’，以及日本的‘丰后’‘吴服垂枝’‘红千鸟’和美国的耐寒品种‘美人梅’等梅花名品。磨山梅园的品种

越来越多，达到 206 个。园子也越来越大，面积从最初的 7.2 亩扩大到 320 亩，后经过两次扩建，发展到今天的 800 余亩。

20 世纪 80 年代开始，在赵守边的主持下，园林工人利用搜集来的枝条，在梅园开展了大规模的品种繁育工作。通过杂交育种，自行培育出‘粉皮垂枝’‘磨山宫粉’‘早凝馨’‘淡寒红’等 50 多个优良新种。现在，每年都有数万株花苗从磨山输出，推广到全国各地及美国、英国、意大利等国家。

1982 年，东湖梅园成功举办了首届武汉国际梅花节。此后每年梅花节都在梅园举办。梅园经过多年建设，不断提质升级，已经成为引领梅文化发展的标志园林，成为民众文旅休闲的重要目的地。

如何欣赏梅花？

中国人对梅花情有独钟，视赏梅为一件雅事。梅花香味别具神韵、清逸幽雅，“着意寻香不肯香，香在无寻处”，让人难以捕捉却又时时沁人肺腑、催人欲醉。探梅时节，徜徉在花丛之中，微风阵阵掠过梅林，犹如浸身香海，通体蕴香。

赏梅时间

杜甫《江梅》诗句“梅蕊腊前破，梅花年后多”，指明赏梅时间应在春节前后。武汉梅花在阳历 2 月中旬开花最盛。《梅品》将赏梅时间归纳为：淡阴、晓日、薄寒、细雨、轻烟、佳月、夕阳、微雪、晚霞。

赏梅要诀

观其色：梅花颜色一般有红、绿、白、粉几种，只是有的色均匀、有的色不均匀等。红色梅花简称为红梅；绿梅为花萼绿色、花瓣白色；白梅为花萼绛紫色、花瓣白色；粉色梅花指花瓣粉色。观色还可以结合花瓣来进行，如玉碟梅花，指花瓣纯白且重瓣或复瓣；单瓣梅花一般称为江梅，江梅开花早。以上为流传并被大家认可的以颜色来区分的称谓。近观梅花花丝，有纯白，有暗红、深红等。花蕊有淡黄、深黄、淡红、深红等。

赏其态：梅花花瓣 5 瓣一轮，有单瓣、复瓣、重瓣。花态有碟型、碗型、浅碗型。有的花瓣略厚，有蜡感；有的花瓣薄透。有的花心有台阁（花中有小花），有的花丝飘有小花瓣（花丝变瓣），有的花向内扣，有的花平伸，有的花向外翻。花初开时最美，花瓣略内扣，其花瓣、花蕊鲜明亮丽。

闻其香：梅香神奇美妙。将单朵花贴近鼻孔闻，有粉香、清香、

淡香、浓香、甜香等。整株树的梅花香味就难以捕捉了，故而人们将梅香喻成“暗香”。梅香又有“袭人”之说，有意驻足却不得，无意路过偶得之。林和靖赏梅佳句最为传神：“疏影横斜水清浅，暗香浮动月黄昏。”梅香有醒脑提神、润气通窍功效，其散发效果又受气温、气压、湿度、风向等的影响。

赏梅常识

赏梅、画梅，须知贵老不贵嫩，贵稀不贵繁，贵合不贵开，贵瘦不贵肥。同时，对梅花的欣赏一般又可与其他花木等元素相结合，如梅、兰、竹、菊“四君子”，松、竹、梅“岁寒三友”，迎春、玉梅、水仙、山茶“雪中四友”，等等。

梅花配景有石、竹、松、兰、鹤、清溪、明窗等。松、鹤象征高寿，喜鹊意味报喜，竹、松也象征品德高尚，等等。对于梅景又常有诗词典故进行描绘，故诗词修养有助于品味梅花作品意境。

梅花知多少

梅，小乔木，稀灌木，高 4~10 米；树皮灰褐色，有纵斑纹；小枝绿色，光滑无毛。叶片卵形或椭圆形，叶边常具小锐锯齿，灰绿色。

梅原产中国，已有三千多年的栽培历史，春秋战国时期爱梅之风已很盛。公元六世纪陶弘景在《名医别录》中记载“梅实生汉中川谷”，此时人们已从采梅果为主要目的而过渡到赏花，“梅始以花闻天下”。

梅花是适应性很强的花木，栽培地区甚广。在我国，东起台湾，西至西藏，南起云南、广东，北至北京，均有栽培，但梅花主要分布在长江流域一带。梅花抗逆性很强，花期早且长，不畏霜雪，在百花凋零的隆冬时节先行开放，可谓植物界奇观。

梅花是少数神、态、色、香俱居上乘的花木之一。其枝干苍劲，疏影横斜，花形文雅，婀娜多姿，花色庄丽，异彩纷呈，花香隽永，暗香浮动。而“万花敢向雪中出，一树独先天下春”，展现的正是梅花斗雪先放的不屈精神。

梅花分类

梅，无论是用作观赏，还是食用，均有许多品种，按主要用途分为果梅和花梅。果梅以采收梅果制成话梅、乌梅等食用或药用。花梅即我们通常所说的梅花，是以观赏为主要目的。梅花从枝条的长势及树体外观形态上看，有直枝梅、垂枝梅和龙游梅。直枝梅是我们最常见到的，大小枝条直立或斜上生长。垂枝梅的枝条向地下垂或斜垂生长，形成独特的伞形树冠。龙游梅的枝条成“之”形扭曲生长，整株梅树象无数条小龙在游荡，奇特无比。

梅花科学的分类主要采用梅花研究权威陈俊愉先生创立的二元分类法，即三系五类十八型。后来为了与国际接轨，又被修正为十一个品种群的分类法。

梅花的三系五类十八型

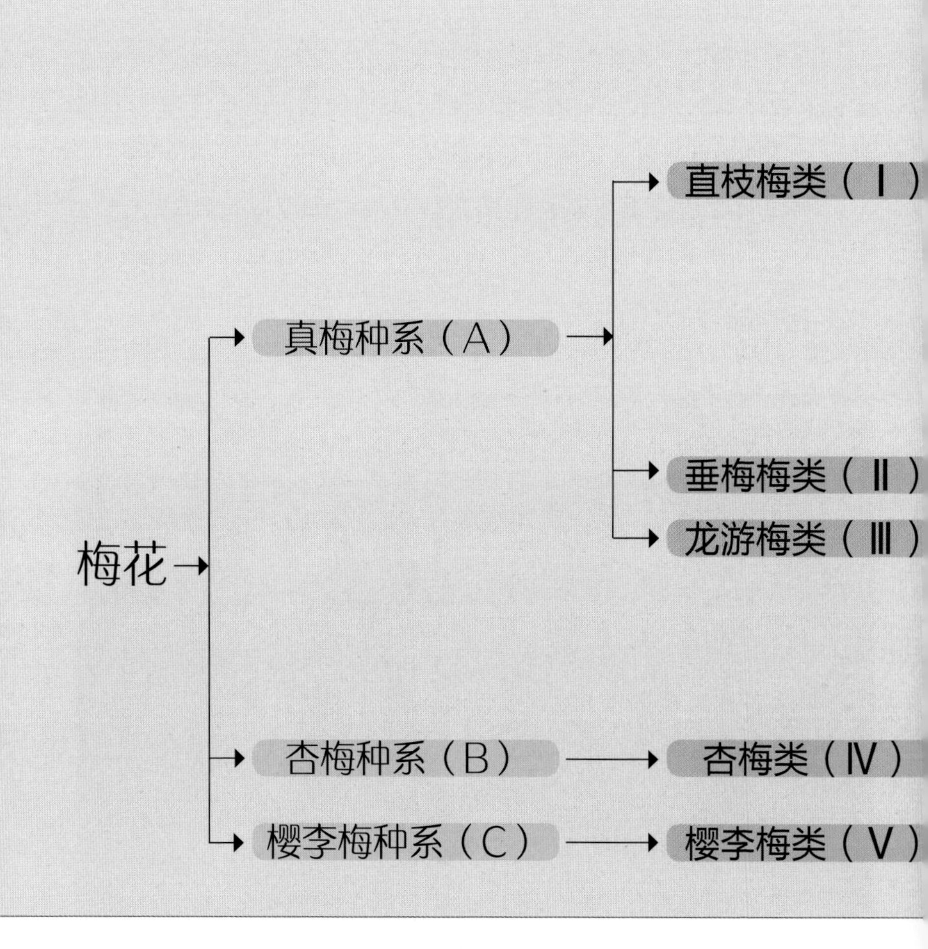

1. 品字梅型
2. 小细梅型
3. 江梅型
4. 宫粉型
5. 玉蝶型
6. 黄香型
7. 绿萼型
8. 洒金型
9. 朱砂型
10. 粉花垂枝型
11. 五宝垂枝型
12. 残雪垂枝型
13. 白碧垂枝型
14. 骨红垂枝型
15. 玉蝶龙游型
16. 单瓣杏梅型
17. 春后型
18. 美人梅型

修正后的十一个品种群

1. 单瓣（江梅）品种群： 单瓣花，5瓣最多，少数有6或7瓣。花色白、粉红、淡红，木质部白色，是比较原始的种类。

2. 宫粉品种群： 重瓣花，花色浅红、粉红、淡粉，少数品种为深红，木质部白色，品种最多。

3. 玉蝶品种群： 重瓣花，花白色，木质部白色。

4. 黄香品种群： 单瓣、复瓣或重瓣，花色淡黄，木质部白色。

5. 绿萼品种群： 单瓣、复瓣或重瓣，花初开淡绿黄色，盛开后白色，萼片淡绿色，木质部白色。

6. 朱砂品种群： 单瓣、复瓣或重瓣，花以深红色为主，也有粉红等较浅的，木质部淡红或暗红色。

7. 跳枝（洒金）品种群： 单瓣、复瓣或重瓣，花色为白色花朵上洒红丝斑纹，或红、白花瓣相间，或红、白花朵相间，木质部白色。

8. 龙游品种群： 重瓣花，白色，枝条扭曲生长，或成“之”字形生长，木质部白色。

9. 垂枝品种群： 花单瓣、重瓣，白色、粉红、深红等，枝条下垂或斜垂生长，木质部白色或淡红、暗红色。

10. 杏梅品种群： 单瓣或重瓣，花色粉红、淡粉，粉白，花大花期晚，花托肿大，无典型梅香。

11. 美人（樱李梅）品种群： 花重瓣，淡紫红色，花丝长，花期晚，一年生枝暗红，叶也为暗红色，是梅花唯一的红叶类品种。

各品种群的代表品种

雪梅〔单瓣（江梅）品种群〕

粉皮宫粉（宫粉品种群）

三轮玉蝶（玉蝶品种群）

曹王黄香（黄香品种群）

小绿萼（绿萼品种群）

粉红朱砂（朱砂品种群）

米单跳枝〔跳枝（洒金）品种群〕

龙游梅（龙游品种群）

骨红垂枝（垂枝品种群）

丰后（杏梅品种群）

美人梅〔美人（樱李梅）品种群〕

东湖梅园的特色品种

东湖梅园的特色品种很多，如‘小红长须’‘浅桃宫粉’‘磨山宫粉’‘多子玉蝶’‘白须朱砂’‘黄金鹤’‘黄金梅’‘金钱绿萼’等，其中尤为突出的一类特色品种就是花中长花的‘台阁梅’，如‘红粉台阁’‘白阁宫粉’‘素白台阁’‘台阁宫粉’‘红台垂枝’‘绿萼台阁黄香’等。以下就东湖梅园一些特色品种进行介绍。

1. 小红长须

花瓣较小，雄蕊向四周辐射，花丝淡水红，且要长于花瓣很多，一眼就可从多个品种中认出，特色较为明显。为东湖梅园实生选育的新品种。

2. 浅桃宫粉

开花繁密，花色桃红，鲜艳雅丽，非常漂亮。为东湖梅园实生选育的新品种。

3. 磨山宫粉

开花繁密，香槟粉色，优雅高贵，温馨可爱。为东湖梅园杂交选育的新品种。

4. 多子玉蝶

花特大，花瓣特多，达 50 多瓣，雌蕊也特多，达 20 多个，也能结多个小果，奇特无比。为东湖梅园实生选育的新品种。

5. 白须朱砂

开花繁密，花瓣多波皱起伏，层层紧叠，花色玫瑰红，艳丽迷人；雄蕊短于或等于花瓣，四射；花丝白色，有别于其他朱砂类品种，特色明显，易于辩认。

6. 红台垂枝

枝条下垂如柳，树形象撑开的伞，开花时节就是一把非常漂亮的花伞。更加难得的是花心中还有台阁，这是在东湖梅园对垂枝梅的第一次发现。

7. 素白台阁

开花繁密，花纯白，有不整齐波皱，层层疏叠；花瓣多达 30 多瓣，花心台阁普遍显著。花期晚，花开时朵朵向下，呈照水状。

8. 台阁绿萼黄香

花色为淡黄至黄白色；萼片淡绿色；花心多台阁状或台阁。花期晚，花叶同发，集绿萼、黄花、暗香、台阁于一身。

9. 黄金鹤

开花繁密，花瓣皱折强烈，波浪起伏；花色淡黄，花期晚。

10. 复瓣跳枝

开花繁密，花色以白为主，粉红、半边粉红、白色洒红色条纹；一树上开红、白两种颜色的花朵，白花中又洒红色条纹，非常漂亮。

11. 淡丰后

开花繁密，花色极浅水红色。花大，花色亮丽。结实多、果大，花期晚，为花果兼用品种。

12. 白阁宫粉

开花繁密，花色白，瓣边略有浅水红晕，花心有台阁或成台阁状。花期早、花较大，瓣多，花密，有台阁。

13. 粉台阁

开花繁密，花态浅碗形，花瓣6~7层，瓣边常波皱，花色桃红至水红，瓣色不匀，花心有台阁。花大，台阁大，甜香。

14. 红粉台阁

花瓣6~8轮，层层紧叠，全花轮廓起伏有致，花瓣边缘常波皱，花为粉红色，瓣端稍深，花心有台阁。花大瓣重，甜香，为优良品种。

15. 算珠台阁

花蕾很扁如算盘子，花重瓣，花瓣波皱起伏，边缘有缺刻。花心台阁或台阁状。

16. 黄金梅

花瓣5，细小，彼此远离，长到卵形，具长爪。花色淡黄。雄蕊长于瓣，辐射而略内抱；花瓣淡黄色，特小，退化，且极稀排列，奇特，清香，珍稀品种。

17. 清明晚粉

花色深粉红色,色不匀,内瓣中脉多白纹。雄蕊辐射,盛开后聚束,短于花瓣,花药橙红色。为目前开花最晚的品种,花色鲜艳,清香,珍贵优良品种。

18. 人面桃花

着花繁密，花蕾椭圆，长，顶尖，初开时似含苞小月季。花态浅碗形，整正，层层疏叠，瓣边有时略皱，花色水红，均匀。雄蕊短于花瓣，辐射，花蕊大；花期晚，开花繁密，色雅香甜，为优良品种。

19. 扣瓣大红

开花繁密，花态碗形，花瓣边缘常内扣，花瓣大小不匀。花深粉红色，常不匀。花期晚，为典型的碗形花，由于花瓣强烈内扣在边缘形成缺刻，显得尤为奇特，甜香，珍贵品种。

20. 淡云

开花繁密，花态浅碗形，层层疏叠，花近白色，远看似朵朵白云飘浮，淡雅清新。

梅花名称由来

梅花又名“五福花”。梅花五瓣象征长寿、长乐、长安、长顺、长运。“五福花”体现了人们对美好生活的向往。不过，梅花的命名一般都比较直白，依据花的大小、颜色、形态或开花早晚等特征，结合其所在品种群的名称即可，也有一些品种起名是有一些故事或其他原因的。

1. 按花大小命名：如‘大宫粉’‘大轮绯梅’‘小骨里红’‘小宫粉’‘小玉蝶’‘小绿萼’等。

大宫粉

小玉蝶

2. 按花瓣数量命名：如‘六瓣’‘六瓣红’‘七星梅’等。

六瓣

七星梅

3. 按花的颜色命名：有‘粉红朱砂’‘桃红朱砂’‘粉白宫粉’‘粉晕宫粉’‘红艳宫粉’‘粉白垂枝’‘白阁宫粉’‘淡粉’‘淡粉垂枝’‘淡晕宫粉’‘粉红’‘黄金梅’‘粉台阁’‘紫羽’‘银红’‘银红台阁’‘白须朱砂’等。

粉红朱砂

红艳宫粉

4. 按花的原生地地名命名：如‘泉州宫粉’‘虎丘晚粉’‘丽江红梅’‘华农晚粉’‘磨山大红’‘磨山宫粉’‘武汉早红’‘南京红’‘南京红须’‘北京玉蝶’‘江南朱砂’‘无锡单杏’‘徽州檀香’‘昆明小跳枝’‘青岛朱砂’等。

武汉早红

华农晚粉

5. 按花的开花期命名：‘早粉台阁’‘早凝馨’‘早种朱砂’‘晚跳枝’‘晚绿萼’‘惊蛰梅’‘迎春粉’‘清明晚粉’等。

惊蛰梅

早凝馨

6. 按花的形态命名：‘飞绿萼’‘舞朱砂’‘晚碗宫粉’‘扣瓣朱砂’‘扣瓣大红’等。

飞绿萼

晚碗宫粉

7. 按花拟物命名：‘金钱绿萼’‘算珠台阁’‘淡云’‘五角梅’‘米单跳枝’ ‘米单绿’等。

★‘金钱绿’：晚花绿萼品种，花蕾大而扁圆，中孔大，像古代的铜钱；其花心也大，圆整，也似铜钱状。

★‘算珠台阁’： 花蕾扁，如算盘子，花心具台阁而得名。

★‘淡云’：花近白色，淡雅清新，开花繁密，层层疏叠，远看似朵朵白云飘浮，由此得名。

★‘五角梅’：花 5 瓣，瓣端从中间对折，酷似五角星，所以取名‘五角梅’。

★‘米单跳枝’ ‘米单绿’：因其所在跳枝品种群、绿萼品种群中花朵最小又是单瓣而得名。

米单绿

五角梅

8. 按花拟动物命名：如‘黄金鹤’ ‘龙游梅’ ‘红千鸟’ ‘飞燕宫粉’等。

★‘黄金鹤’：花色淡黄金色，花瓣皱折强烈，波浪起伏，好似鹤群翩翩起舞，由此得名。

★‘龙游梅’：的枝条扭曲或成“之”字形生长，散曲自然，宛若无数小龙空中游荡，神奇可爱，取名‘龙游梅’形象有趣。

★‘红千鸟’：花色深红，花瓣松散飞舞，着花繁密，如许许多多的红色鸟儿歇在枝头。

★‘飞燕宫粉’：花形花态及着花状况神似飞燕落枝而得名。

红千鸟

鸳鸯梅

飞燕宫粉

9. 按花拟人命名：‘人面桃花’‘贵妃台阁’‘小欧宫粉’‘菲菲朱砂’‘美人梅’等。

★‘人面桃花’：其花色桃红艳丽漂亮，犹如青春貌美女子。唐代崔护有诗云：“去年今日此门中，人面桃花相映红。人面不知何处去，桃花依旧笑春风。”

★‘贵妃台阁’：花色淡粉略红，白里透红，花态丰盈优雅，似有贵妃风韵。

贵妃台阁

★‘小欧宫粉’：梅园退休党支部书记王燕频喜爱梅花，几十年都从事梅花品种、栽培研究，其父亲也是磨山的老一辈技术人员。为纪念一家人的园林情结，以她女儿欧欧取梅花名‘小欧宫粉’。

小欧宫粉

★‘菲菲朱砂’：菲菲是武汉东湖梅园创始人、人称 “梅痴”的赵守边先生的外孙，因其相貌俊俏，惹人喜爱，也是对赵老为武汉东湖梅园及全国梅花事业贡献一生的敬意和纪念，对新选育的一个非常漂亮的朱砂品种取名为‘菲菲朱砂’。

菲菲朱砂

★‘美人梅’：花色淡紫，花心色泽更深，花瓣层层疏叠，婆娑多姿，犹如美人起舞；同时‘美人梅’也正好在“三八”妇女节前后应景盛开，花与人相得益彰。

梅花，武汉的市花

市花是一个城市的代表花卉。作为市花，通常应为在该城市常见的品种。

市花是城市形象的重要标志，也是现代城市的一张名片。国内外已有相当多的大中城市确定了自己的市花。市花的确定，不仅能

代表一个城市独具特色的人文景观、文化底蕴、精神风貌，体现人与自然的和谐统一，而且对带动城市相关绿色产业的发展，优化城市生态环境，提高城市品位和知名度，增强城市综合竞争力，具有重要意义。

1984年，武汉开展市花评选活动。梅花与荷花、兰花、桂花、菊花、杜鹃等十余种花卉一道竞争市花之名。梅花以超高人气拔得头筹，成功当选武汉市市花。

梅花是中国十大名花之首，有“花魁”之誉，与兰花、竹子、菊花一起列为“四君子”，与松、竹并称为“岁寒三友”。梅花具有傲霜斗雪、凌寒绽开的风骨。它有着“万花敢向雪中出，一树独先天下春”的强大生命力和斗雪吐艳、玉骨冰心、凌寒留香的高贵品质，一直被视为中华民族的象征。尽管武汉精神“敢为人先，追求卓越”是2011年提炼出来的，但“敢为人先”这一品格千百年来一直激荡在武汉人的血脉里，与梅花凌寒最先绽放的特点是十分契合的。

作为中国四大梅园城市之一，武汉处处遍植梅树。武汉东湖梅园在规模和研究上都在全国名列前茅，梅花种植面积达到800亩，拥有2万多棵梅树、340余种梅花，其中包括龙游梅、金钱绿萼等稀有品种。东湖梅园是中国梅花研究中心所在地，建立了至今世界上规模最大、品种最全的梅花品种资源圃，是梅花国际登录的重要基地。

湖北自古就是梅花的故乡。秦汉时，野生梅就散见于大江两岸，并用于医药。隋唐时，其食用、药用价值就受到人们重视。南宋时期，武汉一带居民栽培梅花已很盛行。明清时，武汉黄鹤楼、卓刀泉、梅子山等地都是赏梅的佳处。以前洪山一带一直有种植梅花的民间习俗，称为“瓶插梅花迎新春”。如今，梅花已经融入到人们日常生活的各个领域，植梅、赏梅、咏梅、艺梅、画梅已经成为人们的日常行为。2019 年武汉举办了世界军人运动史上规模最大、参赛人员最多、影响力最广的一次运动会，梅花与和平鸽是此次军运会奖杯的两个设计主元素。梅花的五片花瓣，紧扣奥林匹克五环图形，体现“更快、更高、更强”的奥林匹克精神。

除了武汉，南京、苏州、无锡等数十个城市也将梅花定为市花。

能吃的梅花

东湖梅园的梅花大部分都是观赏品种。其实，梅花是一种花果兼用的经济作物。据考古发现，中国人利用梅果已有7000多年的历史。

梅花品种和变种极多，可分花梅及果梅两类。花梅主要供观赏。果梅的果实主要作加工或药用，一般被加工制成各种蜜饯和果酱。青梅可加工制成乌梅供药用，为收敛剂，能治痢疾，并有镇咳、祛痰、解热、杀虫等功效，又为提取枸橼酸的原料。梅花花蕾具有开胃散郁、生津化痰、活血解毒的功效。梅树根研成粉末治黄疸有效。梅果也可以用来做青梅酒，青梅酱，梅醋等。东湖梅园相继开展了“梅花茶研究”“蜡梅花茶研制”等课题，还进行了“梅花宴”的尝试，取得一定的成功，丰富了梅花食品。

古梅与名梅

多数树木在树龄达到100年时即进入老年期，因此，人们习惯把100年作为古树年龄的起点。梅是长寿树种，寿命可达数百年甚至千年以上。园艺界定义的古梅是指树龄在200年以上的梅树。中国幸存的古梅，现有50余株，多分布于浙、皖、鄂、滇4省的20个市县。通常，业界定义的名梅是指在历史上具有特殊纪念意义的梅树，如由历史名人手植的或具有科学、社会及文化艺术价值的梅树，其树龄一般应为100年以上。有些古梅并非名梅，而名梅也不一定都称得上古梅，也确有一些古梅、名梅兼具的。但在实际考察中，在讨论古梅、名梅时，常将两词并提连用。

中国五大古梅

楚梅 在湖北沙市章华寺内，相传为楚灵王时所植，至今已有 2500 余年，是保存下来的最早古梅。

晋梅 在湖北黄梅县“江心古寺”遗址处。据《黄梅县志》记载，这株梅乃东晋名僧支遁和尚亲手所栽，距今已有 1600 多年。每年冬春两季开花，故又称“二度梅”。

隋梅 在浙江天台山国清寺大殿东侧小院中，相传为佛教天台寺创始人智者大师所种，距今已有 1400 多年，曾数度枯萎，现又死而复荣，且常花开满枝。

唐梅 在浙江余杭县超山大明堂院内，相传种于唐朝开元年间，距今已有 1200 多年。开花时节，梅花万朵，香飘数里，被誉为“超山之宝”。

宋梅 距今已有 800 多年，在浙江超山报慈寺前，一般梅花都是 5 瓣，这株宋梅却是 6 瓣。它虬枝古干，挺拔苍劲，且花繁叶茂，年产梅子 30~40 公斤。

梅花故事多

梅花仙女的传说

传说王母娘娘曾安排10个仙女服侍自己。时间一久，仙女们开始厌烦天宫里日复一日的刻板生活，就向往人世间的多姿多彩、生机勃勃。

这一天，10个仙女偷偷溜出天宫，跑到人间游玩。很快，王母娘娘发现了，她很是生气，就派天兵天将下凡捉拿她们。

10个仙女迷恋人间的美景，不愿意回天宫。但是，她们知道自己是斗不过天兵天将的，一旦被发现，就会被抓回天宫。那该怎么办呢？其中年龄最小的仙女出了个主意：让她们都变成花朵的样子，这样天兵天将就认不出她们了。

这时的人间还是冬天。10个仙女各人比照在天庭上见过的最美丽的花朵，变成了自己最喜欢的花朵样子，站在树枝上一动不动：有的变成了小巧玲珑的珍珠梅，有的变成了红艳欲滴的朱砂梅，有的变成了带着一抹淡绿的绿萼梅……

人间的万千花朵看见仙女们变成的鲜花，都赞叹她们惊人的美貌，不敢与她们争艳，就默默地凋谢，悄悄地在其他季节去盛开了。雪花也羡慕她们的风采，便纷纷扬扬地飘洒下来，轻柔地落在她们身边。

天兵天将没有找到仙女们的身影。王母娘娘亲自走出天庭朝人间望去，也没找到仙女们的踪迹，却看见银装素裹的人间大地上，点缀着几枝傲然开放的花朵。她没想到人间也会有如此可爱的花朵，不由得赞叹了一句：“没有花能比它们更美了啊！”

仙女们从此就留在人间了。凡间的人们也深深地爱上了这些来自天庭的清香温柔却又坚强独立的美丽花朵。

梅儿救母

从前，有一个小姑娘叫梅儿。她十分孝顺、善良。父亲早亡，她自幼同母亲相依为命。有一年冬天，她的母亲患了重病，很多大夫看过之后都束手无策。梅儿日夜不休不眠地照料母亲，但母亲的病情还是持续恶化。一个晚上，梅儿劳累过度，昏昏沉沉地睡着了。梦见一个白胡子老爷爷告诉她，母亲不久将离开人世，但只要她能到山中找到雪天盛开的花朵，采摘下来熬成汤水让母亲喝下，就可以救治母亲。

邻居们听完梅儿讲述这个梦，都说是梅儿思虑过度。可是梅儿坚信梦中老爷爷的话是真的。她请邻居们代为照料母亲，就坚定地走出了家门。

寒风凄冷，白雪皑皑，山中的一切生命迹象似乎都已消失，哪里去找盛开的花朵？但梅儿坚定地在茫茫雪地里寻找着，寒风吹裂了她的脸，树枝划破了她的手，一路上血迹斑斑。尽管又饿又累，梅儿还是咬牙坚持着……后来，梅儿晕倒了。不知过了多久，梅儿醒来了，明亮的阳光照耀着茫茫雪地，眼前突然看到一片火红，原本干枯的枝头开出了灼灼的花朵——原来，树枝因为沾上她的鲜血而绽放出漂亮的花朵！梅儿高兴极了，连忙采了花，带回去熬汤。母亲喝下后，病真的就好了。

梅儿的孝心感动了众人。后人为了纪念梅儿，就将这种花命名为“梅花”。

“梅花碑”的故事

早年间，杭州有个老石匠。他心灵手巧，雕凿了一辈子的石头，练就了一身好手艺。

老石匠年纪很大了，背驼了，眼也花了，但他仍旧每天上山去雕凿石头。有一天，老石匠在南山脚下发现一块白花花的石头，那石头上仿佛映着一株树影子。老石匠疑心自己眼花，揉揉眼睛，再仔细看看：可不是，清清楚楚地映着一株梅花影子，就像长在石头上一般！老石匠兴奋不已，就动手雕凿起来。这石头好坚硬呀！一凿下去只崩起一点粉末，又一锤下去只冒出几颗火星。但是老石匠不灰心，不叹气，只管一锤一凿地雕下去，用心用力地锤呀凿呀。十天雕个瓣，百日刻朵花，过了一月又一月，过了一年又一年，老石匠白日黑夜地刻，一天不停地雕，终于把那株梅花雕在石头上了。

梅花终于雕成了。多美的梅花啊，迎着春风，向着朝霞，艳如桃李，灿若红霞，开满一树。为雕凿这树梅花，老石匠耗尽了心血，最后一头栽倒在梅花石边，再也没有醒来。

老石匠无儿无女，也没有什么家业，可谓孤苦伶仃。但他忠厚善良，勤恳踏实，得到了乡亲们的敬重。大家把他埋在一块公地里，还把他最后雕成的这块梅花石竖在坟顶，当作他的纪念碑。

过了不久，奇迹发生了！石碑上的梅花居然会开会谢。每年春天，别的树上梅花才含苞，石碑上的梅花却已经盛开；夏天，别的树儿刚长出绿叶，石碑上梅树早已一片葱郁；秋天，别的树上叶儿落得一片不剩的时候，石碑上的梅树还枝繁叶茂；冬天，西北风把别的梅树吹得七歪八斜，只有石碑上的梅树挺立在那里，一动不动。

这块石碑还能预报天气：天要晴时，石碑上明晃晃、亮光光的；天快要下雨时，石碑上阴沉沉、湿漉漉的。乡亲们从这块石碑上就可以知道时令节气、天晴落雨。乡亲们春耕、夏种、秋收、冬储，都能及早做安排。大家都很喜爱这块石碑，说是老石匠送给乡亲们的宝贝。

有一年春天，杭州来了一个昏官。他到老石匠的坟地一看，雕在石碑上的梅花果然盛开着。他高兴极了，回去和狗头师爷一商量，就在老石匠坟地边造了一座衙门，又筑起一堵围墙，把那块石碑围进了后花园里，还贴出布告说：这是一块官有公地，庶民不得进入。

说来奇怪，这块石碑被围进花园后不久，碑上的梅花便渐渐地谢了。以后，不论天晴落雨，石碑上始终是阴沉沉、湿漉漉的。慢慢地，石碑上爬满了青苔，再也没有一丝光彩。

为了这事，昏官急得茶不思饭不想。狗头师爷见了，便跑来献计："老爷，我看这是地气潮湿的缘故，不如在石碑脚下架起大火来烘一烘，烘干潮气便会好了。"昏官听后觉得有道理，连忙叫人搬来干柴木炭，在老石匠坟地上烧起来。火苗一舐到石碑，轰的一声，便爆裂开来，熊熊的火焰喷射得又高又远。霎时间，衙门和花园都烧了起来。昏官和师爷想逃也逃不及，被烧死在里面。大火烧了三天三夜，把衙门烧成一片瓦砾，只在大门前面剩下半截焦烂的旗杆。

这块奇妙的石碑就这样被毁掉了！如今，在杭州东城还留下两处地名：一处叫"梅花碑"，另一处叫"焦旗杆"。

望梅止渴

一年夏天，曹操带兵打仗，行军途中天气热得出奇，几万人马干渴难忍，一时又找不到水源，情况相当危急。曹操急步登上前面的山头，手搭凉棚瞭望远方，过了一会儿，回过头来大声说道："将士们，翻过前面的那座山，就有吃不完的梅子。"将士们一听到梅子，想起梅子那酸甜的味道，都不由得流出了口水，于是，士兵们突然都有了力气，奋力向前赶路。后来，他们终于到达了有水的地方，但是发现那里根本就没有梅子林。

此故事最早记载于南朝宋刘义庆的《世说新语·假谲》中。"望梅止渴"充分表现出曹操的聪明才智和随机应变的才能。

“梅花妆”的由来

南朝宋武帝的女儿寿阳公主，有一年正月初七在宫中梅林赏梅，午后一时困倦，就在殿檐下小睡。微风吹过，一片梅花恰好轻轻飘落在她的额头上，经汗水渍染后，紧紧贴在了额头上，揭不下来了，留下五瓣淡淡的红色痕迹。宫中女子觉得她原本就妩媚动人，又因梅花瓣而更添几分美感，于是纷纷效仿。她们把梅花剪贴在额头上，一种新的妆容——“梅花妆”就此诞生。世人便传说公主是梅花精灵变成的，因此寿阳公主就成了梅花的花神。宋代著名的类书《太平御览》记录了这个故事。

之后，“梅花妆”走出宫墙，民间女子争相效仿，一直到唐宋五代都非常流行。《木兰辞》诗句“当窗理云鬓，对镜贴花黄”中的“贴花黄”就是在额头上描涂“梅花妆”。到宋代以后，女子渐渐不贴花钿了，但后来只要形容艳妆或精致的妆容，仍使用“梅花妆”一词。

范成大著《梅谱》

南宋著名诗人范成大一生爱梅，其咏梅、赏梅、记梅的事迹常见诸各类著述文字。据不完全统计，他大约有两百首诗词跟梅花有关。

晚年的范成大退居苏州石湖，开始了心慕已久的归隐生活。他筑“石湖别墅”，广收梅、菊品种，植于所居之范村，67 岁时他将其艺梅所得撰成《梅谱》（又称《范村梅谱》）。该谱对江梅、早梅、官城梅、消梅、古梅、重叶梅、绿萼梅、百叶缃梅、红梅、鸳鸯梅、杏梅、蜡梅等 12 种梅的名称、形状及其生长规模和观赏价值，作了较为具体的记述。作为我国乃至世界上的第一部梅花专著，《梅谱》反映出范成大丰富的植物学知识体系，对研究我国古代的生物发展史具有极其重要的参考价值，对我国梅文化的发展也有着极其重要的作用。

孟浩然踏雪寻梅

“吾爱孟夫子，风流天下闻”是李白《赠孟浩然》中的诗句。此前，孟浩然曾与李白在黄鹤楼前作揖相别，看着好友离去的李白思绪万千，写下千古绝唱《送孟浩然之广陵》：“故人西辞黄鹤楼，烟花三月下扬州。孤帆远影碧空尽，唯见长江天际流。”能得到“诗仙”李白如此厚爱的，当然也是人中豪杰。但孟浩然能成为优秀诗人，也是经过了一番自我磨炼的。

据说，孟浩然与王维关系非常好，两人都崇尚山水田园诗。有一次，孟浩然在与比自己年小 12 岁的好友王维探讨诗文时，深感自己有诸多不足，认识到只有仔细观察自然才能写出最真实的字句。于是，他下决心用几年时间去体察四季山水景色变化的自然之美。此后，人们常常看到他总是在襄阳鹿门山下的汉水边独自徘徊。无论什么季节，无论下雨刮风，还是下雪天，他好像在一直寻找着什么。在一个大雪天，孟浩然再次来到汉水边，路人好奇地问他在找什么，孟浩然答道，他在寻梅。路人望着他踩出来的一行行脚印，不由感慨真像是一朵朵梅花。这便是踏雪寻梅的故事。时人还送他一首诗:“数九寒天雪花飘，大雪纷飞似鹅毛。浩然不辞风霜苦，踏雪寻梅乐逍遥。”

功夫不负有心人，他终于写出了许多优秀的田园诗，与王维并称为唐代最优秀的田园诗人。时至今日，孟浩然《春晓》《宿建德江》《过故人庄》《望洞庭湖赠张丞相 》等著名诗作仍脍炙人口，熠熠生辉。而“踏雪寻梅”，也成为了高士雅趣的代名词。

“梅花屋主”王冕

元代著名画家、诗人王冕是一个个性十足的人，他一生爱梅，种梅、咏梅、画梅成癖。他隐居会稽九里山中，结草庐三间，植梅千株，将自己的书室命为“梅花屋”，自号“梅花屋主”“梅叟”。各色梅花开放时艳红雪白，缤纷满树，常常让王冕流连忘返，物我皆忘。所谓“王冕得梅，王冕甚幸；梅花得冕，花更彰矣”。

他的诗作《墨梅》匠心独运，令人叹为观止：“我家洗砚池头树，朵朵花开淡墨痕。不用人夸颜色好，只留清气满乾坤。”诗句写出了梅花的花魂，感动了一代代人，成为我国咏梅诗中的经典。

与诗中不求人夸，只愿给人间留下清香的墨梅一样，才华横溢的王冕同情人民苦难，谴责豪门权贵，轻视功名利禄，为人又豁达爽快，得到很多人的敬仰。由于王冕的梅画风格特异，声名鹊起，很多人向他求画。他对布衣求画者常常援笔而成，立等可取，但对权贵豪门，却不屑一顾。

传说，有一位达官贵人向他索要梅画，第一次以银子购买，王冕没答应。第二次，达官贵人说他所要之画是送给他上司的寿礼，并可以向上司推荐王冕，如果上司看中了王冕的梅画，王冕一定会前途无限……达官贵人以为这样就可获得王冕的梅画。当达官贵人再次上门索画时，见王冕家的墙上挂着一幅梅花画，上题“冰花个个圆如玉，羌笛吹它不下来”。达官贵人明白王冕意志坚定，心如白玉，决不为当权者画梅。

王冕还写过一篇《梅华传》，将《三国演义》中的“望梅止渴”故事改写成了一篇趣味盎然的童话：大将军曹操行军迷路，军士渴甚，愿见梅氏。梅聚族谋曰：“老瞒（曹操小名）垂涎汉鼎，人不韪之。吾家世清白，慎勿与语。”竟匿不出。王冕借赞扬梅花蔑视权贵的精神来暗喻自己的人格。

郑板桥善行让梅

“扬州八怪”之一的郑板桥，是清代比较有代表性的文人画家，其诗书画，世称“三绝”。可是，一生画尽兰、竹、石的郑板桥，为何独独不爱画梅？其中缘由可从一则故事说起。

郑板桥未到扬州之前，曾住在苏州。为谋生计，他在苏州桃花巷东头，开了一家画室，售卖些书画。

在桃花巷的西头，也有一家画室，画室的主人吕子敬为落第秀才，体弱多病，家大口阔，生活颇为艰难，幸亏他绘画技艺精湛，尤其是他画的梅花“远看花影动，近闻花有香”。他靠画梅花卖画得以养家糊口。

郑板桥在苏州，画竹、画山、画水、画兰，独独不画梅花。平日若有人找郑板桥画幅梅花，他总是谦虚地笑道：“我画的梅花比吕先生差多了！”还领着来人到桃花巷西头找吕子敬买画。

有一回，一位酷爱字画的尚书来到郑板桥的画室，其精通翰墨，鉴赏力极强，见郑板桥画室作品皆为极品，遂出高价向郑板桥索一幅以“梅花”为题的画。不承想，郑板桥却推辞道：“说到画梅花，其实还是吕先生画得好。”尚书信以为真，便找吕子敬去了。

久而久之，吕子敬暗自得意，深信自己画的梅花远在郑板桥之上。

后来，郑板桥要搬家去扬州。临行时，吕子敬前来为他送行。按照当时礼节，文人送别，皆作词写诗相赠。画友分别，当然是要以丹青相送了。

没想到，郑板桥要赠予吕子敬的，却是一幅梅花。只见郑板桥

展纸挥毫，笔走侧锋，由深入浅，画出了苍苍点点带有飞白的梅花主干。画花朵时，用墨浓淡相宜，有轻有重，花瓣用淡墨直接点出，等水分未干时又在花瓣下端以焦墨渗化。

好一幅酣畅淋漓、笔法流动、神采飞扬的梅花呀！

看到这幅气韵不凡的梅花，吕子敬这才恍然大悟，他感激地揖手做拜："郑先生之所以不画梅花，原来是为了给我留口饭吃呀。"

“梅知己”吴昌硕

近代艺术大师吴昌硕一生酷爱梅花，可谓如痴似醉。他一生作画颇丰，最多最精还是“梅画”，以梅花为主题的占了其画作的近三分之一。他早年曾在故里种植梅花三十余株，每当寒梅着花，他徘徊园中，反复观赏。他自称“苦铁道人梅知己”，人们也喜欢用“梅知己”来称呼他。有一年，大雪将一枝初绽的梅花压折了。吴昌硕不胜惋惜，先是用绳绑扎救治，看看不行，又将其置于瓦缶中供养。后来，他还特意画了一幅梅花长卷，题以长句，记述了当时的痛惜之情。由此，足见其爱梅之深。

吴昌硕认为，要画好梅，必须要做到胸中有“梅”。为此，每当梅花盛开时，他总要去赏梅胜地探梅、画梅。作画之前，他总是先凝神静气，然后便运笔如风，一气呵成，自称为“扫梅”，所画之梅自然气势非凡。他喜欢表现老梅，将老梅的铮铮铁骨与清香欲放的花朵形成鲜明对比，产生强烈的视觉效果，有一种挣破寒冬牢笼、唤春归来的感觉。

吴昌硕画梅题诗中常有“十年不到香雪海，梅花忆我我忆梅”之句，“梅花忆我我忆梅”是物我观照，而“香雪海”则指杭州余杭的超山。晚年，他几乎年年初春都要赶往超山赏梅。他还亲自在梅花丛中选购了一块墓地，作为自己日后的长眠之地，了却自己永远与梅花为伴，做梅知己的心愿。

无独有偶，鲁迅先生为自己篆刻过一枚“只有梅花是知己”的石印，用以抒发自己的情怀。

毛泽东爱梅

伟人毛泽东一生恋梅、惜梅、品梅、咏梅，对梅花情有独钟。

毛泽东中南海的寓所旁有几株挺拔的红梅，丰而不盈，约而不浮。百忙之中，毛泽东总会抽空赏梅，尤其喜欢在雪天赏梅。他曾说雪中赏梅能从中领略到梅花傲霜斗雪、劲节挺立的风姿，还写出了“梅花欢喜漫天雪，冻死苍蝇未足奇”的诗句。

除了中南海，新中国成立后毛泽东居住时间最长的地方就是武汉东湖，东湖梅岭一号是毛泽东在武汉的住所。毛泽东对这座以“梅”命名的客舍情有独钟。每次要去湖北的时候，他总要对身边人说：到武汉去，还住梅岭。东湖梅岭是毛主席和武汉人民情谊的见证。武汉东湖至今仍保留“梅岭一号”旧居的陈设作为纪念毛主席的地方。后来又在东湖梅岭旁边建了“小梅岭”，在其上种植数百株梅花，成为梅花旅游观赏地。

自然界的梅花毕竟有开有落，不可能天天见到，而毛泽东日常生活用品上所装饰的梅花却天天陪伴着他。

韶山毛泽东同志纪念馆珍藏的毛泽东遗物中，有200来件生活用瓷，包括碗碟、茶杯、笔筒、烟灰缸等，大都饰有他喜爱的梅花图案。除了生活用瓷，连地毯、桌布、手帕等物，毛泽东也偏爱有梅花图案的。他的遗物中，有一块点缀着梅花图案的墨绿色地毯，珍藏于韶山纪念馆中南海丰泽园复原陈列室。上海宋庆龄故居的梅花地毯，据说亦为毛泽东所赠。赞比亚前总统肯尼思·卡翁达第二次来华访问时，向毛泽东赠送了铜制茶具。毛泽东表示致谢，然后指着茶几上

毛泽东曾经居住过的“梅岭一号”

的茶杯说：“我习惯了用它喝水。”这是一只高白釉“红梅”茶杯，茶杯和茶碟上均绘有一株红梅，仿佛迎着漫天风雪盛开着。卡翁达端起茶杯端详，称赞不已。

众所周知，毛泽东的咏梅名篇《卜算子·咏梅》《七律·冬云》，继承并弘扬了梅花凌霜傲雪、早发报春的精神，摒弃了前人诗词中孤独冷艳的消极情绪，以博大的胸怀和光昌流丽的语言，大声赞美梅花的坚强品格，挖掘出梅花甘于奉献的高尚情操，赋予梅花积极健康昂扬向上的人生观和幸福观，进而将梅文化以及咏梅词这一古老的主题提升到一个新的高峰。

古今咏梅诗人无数，独有毛泽东和陆游的《卜算子·咏梅》今古咏和，境界超拔。陆游一生立志抗金，收复失地，但屡遭投降派的排挤和打击。陆游所作词为：“驿外断桥边，寂寞开无主。已是黄昏独自愁，更着风和雨。无意苦争春，一任群芳妒。零落成泥碾作尘，只有香如故。”他在词中把自己抑郁寂寞的心情凝聚于孤傲的梅花形象上。20 世纪 60 年代初，中国正面临着国际政治环境和国内经济环境双重压力，毛泽东想要表明共产党人的态度和斗志，便酝酿写一首词。他读到陆游的《卜算子 · 咏梅》，感到文辞虽好，但意志消沉，只可借其形，不可用其义，于是便写下了："风雨送春归，飞雪迎春到。已是悬崖百丈冰，犹有花枝俏。俏也不争春，只把春来报。待到山花烂漫时，她在丛中笑。"梅花被赋予了挺立风雪的俏丽形象、乐观的态度、独特的性格和惊人的气度，创出一种新的气象与景观，令人耳目一新、欢欣鼓舞。

据说，"已是悬崖百丈冰"句中的"百丈冰"原为"万丈冰"，"犹有花枝俏"句中的"犹有"原为"独有"。由此可以看出，毛泽东不但借梅咏梅，而且治学态度十分严谨。

毛泽东不仅赏梅写梅，还非常喜欢"听梅"。《红梅赞》这首歌伴他多年，饭前会后他总是要点播一首《红梅赞》。"红岩上红梅开，千里冰封脚下踩，三九严寒何所惧，一片丹心向阳开。"这首歌唱出了梅花的高洁，也唱出了革命者的风骨。1962 年中南海的一次舞会上，毛泽东还特意与《红梅赞》的词作者见面，表达他对歌词的喜爱。

梅花诗飘香

庭前一树梅

汉乐府

庭前一树梅，寒多未觉开。

只言花似雪，不悟有香来。

【赏析】

寒霜浓重，竟未发觉庭前那树梅花已经开放。大家都只说花像雪一样，却没有感受到香气的袭来。梅花孤傲高洁，不向严寒屈服，反而是让雪晕染上自己的香气。诗句营造出一种幽雅的肃穆美，让人不禁也陷入深深的思考中。

咏早梅

〔南北朝〕何逊

兔园标物序，惊时最是梅。

衔霜当路发，映雪拟寒开。

枝横却月观，花绕凌风台。

朝洒长门泣，夕驻临邛杯。

应知早飘落，故逐上春来。

【赏析】

物候时序转换之时，梅花最是让人惊叹。正值大地四目荒凉、寒风凛冽，梅花却不畏冰霜，迎寒而开，开遍了整个扬州城，使得文人墨客为之动情。梅花之盛开，可使被遗弃者陈皇后见之有感而落泪，也可以使钟情之人卓文君触景而兴怀。许是知道自己会过早地凋落，梅花才会在梦春正月开放吧！

诗人多处运用拟人的手法，将早梅描写得栩栩如生，“惊”“衔”“映”“横”“饶”五字，可谓是将梅花的姿态描写得淋漓尽致，表现了对梅花傲视霜雪、凌寒独放的高贵气节的赞美，借此表现诗人不趋炎附势，疏枝独立不失气节的品德。

咏 梅

〔南北朝〕萧绎

梅含今春树，还临先日池。

人怀前岁忆，花发故年枝。

【赏析】

满树含着的花，是今春的新梅，而映着点点春梅的池塘，依旧是曾经的模样。旧枝吐生新梅，只有站在树前的我，看着新开的花和不变的池塘，还在思念故人、回忆旧事。

在此诗中，诗人对比今昔，“今春”的新梅，“先日”的旧池，梅花谢了又开，人散了未归，只剩下诗人临池观赏那点点梅花，回忆往昔，徒增悲凉。诗人通过描写对梅花的观赏，借景抒情，表达出对昔日故人的思念。

雪里梅花诗

〔南北朝〕阴铿

春近寒虽转，梅舒雪尚飘。

从风还共落，照日不俱销。

叶开随足影，花多助重条。

今来渐异昨，向晚判胜朝。

【赏析】

春天临近，天气虽然转暖，梅花开放，雪花依旧飘着。微风起，梅花随着一起飘落，太阳照着，它却与雪不一起融化。枝叶招展，梅影更多更密，繁厚的梅花，让本来消瘦的枝条变得厚重。今日的梅花渐渐与昨日不同，傍晚时分的梅花比早上的梅花更胜一筹。

在此诗中，诗人描绘了梅花凌霜傲雪迎早春的情形。被春风刮落的梅花，随着春雪在风中飞舞，极富诗意。梅瘦枝疏斜，却繁花满缀，一幅雪日繁花图在我们眼前展开，赞美了梅花不怕雪霜侵害的无畏品格。

早　梅

〔唐〕孟浩然

园中有早梅，年例犯寒开。

少妇争攀折，将归插镜台。

犹言看不足，更欲剪刀裁。

【赏析】

小园中的一株梅树，每年都不畏严寒，迎寒而开。年轻的女子争相折下一枝，带回来插在自家的镜台上。但是梅花的美丽怎么也看不够，更想要将它裁剪下来，用来做成梅花妆。

孟浩然是唐代山水田园派诗人，在此诗中，诗人赞美了早梅凌寒独自开的无畏精神。并且描写出少妇对梅花的喜爱之情，突出了她对春光的向往以及对美好生活的追求。

杂　诗 其二

〔唐〕王维

君自故乡来，应知故乡事。

来日倚窗前，寒梅著花未?

【赏析】

漂泊他乡，偶遇故乡人，倍感亲切：您是从我们故乡来的，应该知道一些故乡发生的事儿吧？您来的时候，我家雕画花纹窗前的那一株腊梅开花了吗？

安史之乱后，诗人王维来到孟津，隐居在此。隐居孟津的十余年间，诗人偶然遇到自己的故知，激起了对故乡强烈的思念之情，于是作《杂诗》三首，其中第二首最为出名。在诗中，诗人本想询问故乡的事情，却不知从何问起，千言万语只能凝结于一个和自己关系最近的事物——窗前的腊梅上。诗人借梅花，表达了自己的思乡之情。

早春寄王汉阳

〔唐〕李白

闻道春还未相识，走傍寒梅访消息。

昨夜东风入武阳，陌头杨柳黄金色。

碧水浩浩云茫茫，美人不来空断肠。

预拂青山一片石，与君连日醉壶觞。

【赏析】

这首诗的内容较为简单，就是邀请友人前来探春畅饮，但写得活泼自然，不落俗套。细细吟味，作者那一颗热爱生活、热爱大自然的诗心，能给人以强烈的感染。

这首诗有不少武汉元素。作诗的地点是今天的武昌（古称“江夏”），邀请的对象是汉阳县令，管辖着今天汉口、汉阳、东西湖到蔡甸等一大片土地。

“走傍寒梅访消息”中的“走”“访”二字生动地表达了诗人急不可待地走出房舍，到梅树下去探究春天是否归来的一片诗情。这里梅花即为春天的使者！诗中用戏谑俏皮的诗句称呼友人为“美人”，可见友情的亲密，思念之深切。而“连日醉壶觞”，既有按捺不住的赏春激情，也有朋友相见的满心喜悦。

江　梅

〔唐〕杜甫

梅蕊腊前破，梅花年后多。

绝知春意好，最奈客愁何。

雪树元同色，江风亦自波。

故园不可见，巫岫郁嵯峨。

【赏析】

腊月前梅蕊初破，新年后梅花便多了起来，开得正盛。早春时节，即使再好的春色春意也排遣不了我心中的“客愁”。看着满树的白梅，就像满树的雪花一样，倒映江中，逐波追浪，其乐融融！可此等美景我却无法尽情享受，故乡的春色尚不可见，只能在高峻的巫山之间遥想一二啊！

此诗是诗人杜甫听闻故乡已被收复之后，在返乡最后一站夔州所作。过了三峡，诗人就可以北上回到家乡，怀着对家乡的思念之情，诗人旅居江峡之间，赏江梅、看山水。可是这些美景春色都无法平复诗人心中对家乡的思念和即将返乡的激动之情。看着巍峨凶险的巫峡，诗人越发想念故乡可亲可爱的美景。

早　梅

〔唐〕张谓

一树寒梅白玉条，迥临村路傍溪桥。

不知近水花先发，疑是经冬雪未销。

【赏析】

挂满朵朵白梅的梅树，像白玉条一样，生长于远离乡村小路的溪水边。路过的人看着这满树的白梅，不知道临近水源的梅花会提前开放，还以为那是经历冬天之后还未消融的白雪挂在枝头呢！

全诗没有一句议论和赞美，却立意新颖，将对梅花高洁品行的赞美之情表现得淋漓尽致。短短二十八个字将早梅的姿态、季节、颜色、地点、气质展现出来，赞美了梅花的洁白和凛然不屈的形象品格。

江滨梅

〔唐〕王适

忽见寒梅树，开花汉水滨。

不知春色早，疑是弄珠人。

【赏析】

早春时节，忽见一树梅花盛开在汉水之滨。距离春色满园还有些时日，那梅树或是佩戴明珠的女神吧！

诗人以错觉写真，巧作譬喻，生动展示出临江早梅的美丽花姿，又在如珠似玉的比喻中深识梅花气傲寒冰、骨沁幽香的高韵气节，充分表现出梅花内外兼美的品质。

早　梅

〔唐〕柳宗元

早梅发高树，迥映楚天碧。

朔吹飘夜香，繁霜滋晓白。

欲为万里赠，杳杳山水隔。

寒英坐销落，何用慰远客？

【赏析】

高高的枝头上，早梅朵朵而开，映照着远方碧蓝的天空，夜晚，北风呼啸，送来阵阵暗香，浓霜初降，为梅花增添洁白的光泽。看着这绽放的早梅，想折一枝寄赠于万里之外的好友，无奈重重山水将我们遥遥相隔。眼看寒梅即将零落凋谢，用什么安慰远方友人的思念呢？

写这首诗时诗人柳宗元已经被贬永州，但是诗人并没有因为受到政治上的打击而消沉度日，而是更加坚定了他对理想的追求。因此，在这首诗中，诗人借早梅傲霜斗雪，凌寒独开，芳香四溢，暗喻自己坚贞不屈、不与流俗同流合污的高洁品格。但也正因自己被贬永州，远离家乡旧友，看着这早开早谢的梅花花期将过，而无法赠与故人，诗人流露出些许惆怅之情。

和韦开州盛山十二首·梅溪

〔唐〕张籍

自爱新梅好，行寻一径斜。

不教人扫石，恐损落来花。

【赏析】

我十分喜爱初绽梅花的美艳姿态，于是便沿着幽静蜿蜒的小路寻找梅花的踪迹。看着这娇艳的梅花，我守在树前，不让人打扫此处的石阶，害怕破坏了飘落在道路上的花瓣。

诗人在此诗中对梅花的赞美之情溢于言表，直截了当地表达了对梅花的喜爱与怜惜之情。并且，诗人不仅仅爱惜初绽的梅花，就连地上的落花也不舍得破坏，可以见得诗人对梅花爱之深切。

新栽梅

〔唐〕白居易

池边新种七株梅，欲到花时点检来。

莫怕长洲桃李妒，今年好为使君开。

【赏析】

我在池边新种了七株梅树，待到花开时节再来检查点验。梅花啊，切莫害怕长洲的桃花和李花妒忌你的姿态，今年一定要为我开出高洁芬芳的花朵。

诗人希冀种下的这些梅花可以开出灿烂的花朵来，不因害怕桃李的妒忌而不敢开花，实际上是在暗示着人生发展的道理——每个人都有独属于自己发展的道路，没有必要一味从众去追随潮流，做到像梅花一样能够坚守住自己的本心。

梅

〔唐〕杜牧

轻盈照溪水，掩敛下瑶台。

妒雪聊相比，欺春不逐来。

偶同佳客见，似为冻醪开。

若在秦楼畔，堪为弄玉媒。

【赏析】

轻盈妩媚的梅花映照在溪水里，就好像仙女，掩面从瑶台之上翩然而下。梅花虽然有些妒忌白雪，但是在洁白无瑕上，姑且还可以同雪相比；而对于艳丽的春光，梅花却敢于超越它，绝不随顺其后。偶然间，我与梅花相见，它就好像是为了我们饮酒赏花而开放。若是梅树长在秦楼边的话，简直能作弄玉的媒人了。

在此诗中，诗人杜牧紧紧围绕梅花的美进行描写，将映照在溪水中的梅比作是仙女，足以看出在诗人眼中梅花的瑰丽姿容。后又将梅花比作弄玉的媒人，进一步加深了梅花的娇艳，突出了梅花的美。

上堂开示颂

〔唐〕黄檗

尘劳迥脱事非常，紧把绳头做一场。

不经一番寒彻骨，怎得梅花扑鼻香。

【赏析】

摆脱尘念劳心并不是一件容易事，必须拉紧绳子，俯下身子在事业上卖力气。如果不经历冬天那刺骨的严寒，梅花怎会有扑鼻的芳香呢？

作者是佛门禅宗的一代高僧，他在诗中表达对坚志修行得成果的决心，也借用梅花顶风冒雪开放，发出芳香的品性，说出了人对待一切困难所应采取的正确态度。

梅花坞

〔唐〕陆希声

冻蕊凝香色艳新，小山深坞伴幽人。

知君有意凌寒色，羞共千花一样春。

【赏析】

梅花冰冻的花蕊凝着幽香，着一身艳丽清新的花色，在深山花坞里绽放，陪伴着幽居其中的隐士。我知道，梅花是有意凌寒而开，因为它不屑于同春天的千百种花卉一样争奇斗艳，共享春色。

诗人遭遇现实的挫折选择隐居，心情肯定有些许低落，但看到梅花凌寒绽放，又不禁心生感慨：自己也具有梅花一样的品质，从来不随波逐流，而是能够特立独行地坚守己志，不让自己被世俗的喧哗所感染，从而坚定了自己的决心不留退路。

梅 花

〔唐〕崔道融

数萼初含雪，孤标画本难。

香中别有韵，清极不知寒。

横笛和愁听，斜枝倚病看。

朔风如解意，容易莫摧残。

【赏析】

无人留意的角落，几支梅花初放，花萼中还含着白雪。凌寒绽放，即使是入画，都要担忧是否能画出这孤傲之气。清雅的花香别有韵致，让人们都忘却了冬的寒冷。心中愁苦的人不愿听那哀怨的笛声，病躯倚着梅枝独看这风景。北风如果能够理解我的怜悯之意，就不会轻易地摧残梅花了。

本诗描写了梅花迎寒绽放的场景，在漫天的冰冷中，梅花香中有韵，孤傲含雪，这难道不正为那心中愁苦的人带来了希望吗？

寒梅词

〔唐〕李九龄

霜梅先拆岭头枝，万卉千花冻不知。

留得和羹滋味在，任他风雪苦相欺。

【赏析】

被霜雪席卷的梅花分散于岭头的树枝之间，千千万万朵，毫不畏惧严寒。这美丽的梅花留着做成梅花羹滋味会更好吧，任凭寒风凛冽，冰雪苦苦相欺，梅花依然风采如故。

唐末诗人李九龄在这首诗中描写了生于高岭之上的梅花不畏冰霜、不畏严寒的形象，即使总有风雪相欺，梅花也毫不退缩、风采依旧，表达了诗人对梅花傲雪凌霜、斗雪吐艳精神的赞美之情。

山园小梅二首 其一

〔宋〕林逋

众芳摇落独暄妍，占尽风情向小园。

疏影横斜水清浅，暗香浮动月黄昏。

霜禽欲下先偷眼，粉蝶如知合断魂。

幸有微吟可相狎，不须檀板共金樽。

【赏析】

百花摇摇落尽，只有梅花绽放得美丽明艳，成为小园中最美丽的风景。梅枝横于水面之上，映照出稀疏的倒影，淡淡的芳香在月下的黄昏中浮动飘散。禽鸟偷偷观看，想要停落在梅枝上。夏日的粉蝶若是知道这梅花如此美丽，应该会喜爱至销魂。幸好我可以吟诗，以此来与梅花亲近，既不需要拍板歌唱，也不用饮酒助兴。

在林逋的这首咏梅诗中，将梅花的气质风姿传神地表达出来，在百花凋零的严冬迎着寒风昂然盛开，颔联营造了一种静谧的意境，疏淡的梅影，缕缕的清香，让人陶醉，后又借禽鸟、蝴蝶突出梅花的娇艳、芳香。此诗借对梅花神清骨秀、高洁端庄、幽独超逸的赞美，来表现自己孤高的性情和幽逸的生活情趣。

忆越中梅

〔宋〕曾巩

浣沙亭北小山梅，兰渚移来手自栽。

今日旧林冰雪地，泠香幽艳向谁开。

【赏析】

浣沙亭北面的小山坡上，种满了梅树，这些梅花，是我从水岸边移过来亲手栽种的，现在，曾经的梅林被冰雪覆盖，成了白茫茫的一片，娇艳幽香的梅花开给谁看呢？

这首诗是诗人曾巩为怀念家乡所作，又到了梅花盛开的季节，诗人便想到了自己家乡的那一片梅林，离家已久，那片梅林如今已落满了白雪，凌寒而开的梅花又有谁去欣赏呢？惆怅之中流露出对家乡的思念之情。

梅　花

〔宋〕王安石

墙角数枝梅，凌寒独自开。

遥知不是雪，为有暗香来。

【赏析】

墙角的几枝梅花，正冒着严寒独自盛开。远远地就知道洁白的梅花不是雪，因为梅花的幽香正浅浅地飘来。

生活中的我们许多时候也会遇见才华不得施展的时候，就像诗中的梅花一样会被寒雪覆盖，但只要我们像梅花一样始终秉持着我们自身的高洁，最终一定会发出属于我们自己的清香。

西江月·梅花

〔宋〕苏轼

玉骨那愁瘴雾，冰姿自有仙风。

海仙时遣探芳丛。倒挂绿毛么凤。

素面翻嫌粉涴，洗妆不褪唇红。

高情已逐晓云空。不与梨花同梦。

【赏析】

惠州的梅花生长在瘴疠之乡，却不怕瘴气的侵袭，是因为它有冰雪般的肌体、神仙般的风致。它的仙姿艳态，引起了海仙的羡爱，于是他派遣倒挂在树上的绿毛小鸟到花丛中探望。梅花天然洁白的容貌，是不屑于用铅粉来装饰的，就算雨雪洗去妆色也不会褪去那朱唇样的红色。高尚的情操总是指引着梅花追向晓云的天空，而不是与梨花有同一种梦想。

即使出生在瘴气笼罩之地，梅花还是坚守自己不染一丝恶气的习性，做非同寻常的自己。做人想必也是这样吧，只有始终保持着内心的坚定，不被环境所干扰，才能实现自己的理想抱负。

蜡　梅

〔宋〕陈师道

一花千里香，更值满枝开。

承恩不在貌，谁敢斗香来。

【赏析】

一花尚有千里远香，更何况满枝开放呢？梅花得到人们的喜欢不是因为它美丽的外表，而是凭借其浓郁袭人的香气。

蜡梅不靠花色艳美、花朵姣好来取悦于人，而是靠内在的质地香飘千里来争胜。

独步小园 其一

〔宋〕曾几

江梅落尽红梅在，百叶缃梅朕欲开。

园里无人园外静，暗香引得数蜂来。

【赏析】

江梅早已凋谢殆尽了，红梅却依旧开得繁盛，剩下的百叶缃梅含苞欲放。小园里除了我再无他人，园外也是静谧无声，只有梅花的暗香引来几只蜜蜂在小园中欢闹，为小园增添几分热闹。

诗人独自漫步在小园之中，看着这傲雪凌霜的红梅，爱惜之情油然而生。

江　梅

〔南宋〕王十朋

园林尽摇落，冰雪独相宜。

预报春消息，花中第一枝。

【赏析】

小园中群木都已凋零摇落，梅花却在冰雪中独自绽放。每年传报春天到来的消息，她都是百花中最先的那一枝。

诗人借群木的凋零，衬托出梅花的高洁和坚贞，又强调“花中第一枝”，称赞梅花无私奉献敢为人先的精神。寥寥四句，梅花的孤傲、坚毅、凌寒盛开的形象就跃然纸上清晰可见。

红　梅

〔宋〕范成大

酒力欺雪寒，潮红上妆面。

桃李漫同时，输了春风半。

【赏析】

红梅像少女的醉脸一样，不管风雪严寒，仍然潮红了粉脸。桃花李花纵然很美，也与红梅一样在春天开放，但是与开在早春的红梅相比，桃花李花却错过了一半的春光。

诗人范成大通过此诗咏红梅的高洁和姿容之美。前两句用少女红晕的醉脸，形容勇斗严寒的雪中红梅，景中寓情，极富于青春活力。后二句紧承上联说既有艳丽姿容,又有高贵品格的红梅,使开在春日的桃李花，不能与之争妍斗艳。笔意婉曲，写出了对红梅的一往深情。

点绛唇·咏梅月

〔宋〕陈亮

一夜相思，水边清浅横枝瘦。

小窗如昼，情共香俱透。

清入梦魂，千里人长久。

君知否？雨僝云僽，格调还依旧。

【赏析】

整夜思念着远方的知音而不得，稀疏的梅花枝条也只能孤独地横斜于清澈的浅水池边。小窗外，皓皓月色洒下，竟像白昼一般，那一缕缕情思、一阵阵暗香，都浸透在这静夜之中。那清淡的月光，那疏梅的幽芳，将伴人进入梦乡，梦中很可能见到远在千里外的长久思念的知音。你知道吗？纵然屡遭风吹雨打的摧残，梅的品格还是依然如故。

这首月下咏梅词，托梅言志，借月抒怀。词人把梅、月、人有机地结合成一个整体来写，寥寥数笔，点染出梅花的幽姿清韵、暗香芳魂，也描绘出月亮的清辉，创造了一个清幽温馨而又朦胧缥缈的境界。通篇写梅月，却不道出半个“梅”字半个“月”字，而能尽得其象外之物，环中之旨，脉络井井可寻，是一首“不着一字，尽得风流”的佳作。这首词把梅的品格和词人的心境表达得曲折尽意，饶有余味。

墨　梅

〔宋〕朱熹

梦里清江醉墨香，蕊寒枝瘦凛冰霜。

如今白黑浑休问，且作人间时世装。

【赏析】

清江江畔的梅花散发出阵阵的馨香，让人陶醉不已，可寒冷的花蕊和瘦削的枝干却在冷冽的寒风中饱受着刺骨的冰霜。如今，白若冰霜的梅花却着墨色，让人难分黑白，这些都不要再询问了，就把它当作这个黑白混杂的时代所推崇的装扮吧。

诗人朱熹是南宋理学家、教育家、诗人。他洁身自好，倡导崇尚文人墨客涵养的浩然正气，并追寻自己的理想。可是，当时官场早已变得黑暗，坚持自我的诗人遭受迫害。在这个人生低谷期，诗人借梦中所见的墨梅图表现自己所具有的在黑白混淆的世道中保持自我的高尚节操和风骨。

寄题更好轩 其一

〔宋〕杨万里

无梅有竹竹无朋，有竹无梅梅独醒。

雪里霜中两清绝，梅花白白竹青青。

【赏析】

只有梅花，没有竹子，那么竹就没有了朋友；没有竹子，只有梅花，梅花独自清醒。在霜雪之中，梅与竹是绝世的清新脱俗。梅花是洁白的，竹子是青翠的。

这首诗诗人借梅与竹喻人，生动形象地描绘了君子之间的关系，既表达了诗人对梅与竹的赞赏与喜爱，以及对正直君子、高雅之士的仰慕，也表达了诗人自身高洁清明的性格品质。

梅花绝句 其一

〔宋〕陆游

闻道梅花坼晓风，雪堆遍满四山中。

何方可化身千亿，一树梅花一放翁。

【赏析】

我听闻梅花在清晨凛冽的寒风中傲然绽放，放眼四顾，树树梅花开，一簇一簇的，好像山中堆满了白雪。有什么方法能把自己化为千万个，让每一树梅花前都有个陆游常在呢？

陆游写过不少咏梅诗，这是其中别开生面的一首。诗人以奇思妙想与形象的语言表达了对梅花的喜爱，幻想世间上有无数个自己，每一个自己都能够独自享受一树梅花的姿态，人梅合一，将自己痴迷的爱梅之情淋漓尽致地表达出来，下语不凡。

武夷山中

〔宋〕谢枋得

十年无梦得还家，独立青峰野水涯。

天地寂寥山雨歇，几生修得到梅花？

【赏析】

南宋著名爱国诗人谢枋得，曾带领义军在江东英勇抗元。抗元失败后在武夷山中转徙十年。十年中，连回家的梦想都不曾有过，因为家乡在元兵的铁骑之下，而他绝不会回去做顺民。此时此刻他悲怆孤独地站在武夷山上，但见奇峰挺秀，野水浩淼。山雨初停，田野清旷，冻云黯淡，天地苍茫，凄清难言。这时诗人看到了想到了那独立世外、傲霜吐艳的山中梅花，她的境界是多么崇高啊！我要经历多少岁月才能修炼成梅花那样的品格呢？

诗言志。作者自置于青峰野水之间，以梅花品格相期许。诗风自然朴素端正，清旷之中带着几分沉郁苍凉。诗人对故国的思念，对人生的思考，深远绵长，发人深省。

雪　梅 其一

〔宋〕卢梅坡

梅雪争春未肯降，骚人搁笔费评章。

梅须逊雪三分白，雪却输梅一段香。

【赏析】

梅花和雪花都认为各自占尽了春色，装点了春光，谁也不肯服输。这可难坏了诗人我呀，要怎么去评判二者好坏呢？说句公道话，梅花须逊让雪花三分晶莹洁白，雪花却输给梅花一段清香。

这首诗采用拟人手法写梅花与雪花相互竞争，别出心裁，妙趣横生。梅不如雪白，雪没有梅香。读完全诗，我们可以体会到作者的深意：人各有所长，也各有所短，要有自知之明。取人之长，补己之短，才是正理。

梅

〔宋〕王淇

不受尘埃半点侵，竹篱茅舍自甘心。

只因误识林和靖，惹得诗人说到今。

【赏析】

品行高洁的梅花，不接受尘俗一丝一毫的侵染，虽在竹篱边茅舍旁自己也心甘情愿。本来洁心雅性，不事张扬，只因误打误撞认识了梅妻鹤子的林和靖，才身不由己地成了诗人们歌咏的主题，一直被人们议论到今天。

酷爱梅花的林和靖的《山园小梅》是著名的咏梅诗，这首诗带来的热度让梅花处于历代诗人谈论不休的主题。作者以拟人手法，认为这违背了梅花高洁淡泊的本心，表现了诗人淡泊名利、与世无争的志趣。

立冬即事二首 其一

〔元〕仇远

细雨生寒未有霜，庭前木叶半青黄。

小春此去无多日，何处梅花一绽香？

【赏析】

立冬时节，一场细雨带来了些许寒意，还没有结成霜冻。庭院前树上的落叶，半青半黄，随风飞扬。掐指一算春天也快到来了，哪里早开的梅花开了传来缕缕清香？

梅花在这首诗中，成了报春使者。表面上看是写立冬之景，实则言立冬之情。景中含情，含蓄蕴藉，读来令人口齿噙香，心境悠然。有人评价这首诗意境清远，格调高雅，呈现出很好的艺术审美效果。

踏莎行·雪中看梅花

〔元〕王旭

两种风流，一家制作。雪花全似梅花萼。

细看不是雪无香，天风吹得香零落。

虽是一般，惟高一着。雪花不似梅花薄。

梅花散彩向空山，雪花随意穿帘幕。

【赏析】

梅雪争春，一样风流，都是大自然的杰作，雪花好似梅花的花瓣，仔细一看又不是雪，因雪无香气，狂风把香气吹得四散。

梅花雪花虽然色彩一样，形状相似，但各有高出对方一等之处。雪花不像梅花淡泊，梅花开在空山，绽放自己的色彩；雪花却善解人意地飞向人们的身边。

这是一首咏物之词，既咏雪又咏梅，花开两朵，两朵俱美，既各有高低，又各有所长。词意浅显，见解独到，情理相生。

白　梅

〔元〕王冕

冰雪林中著此身，不同桃李混芳尘。

忽然一夜清香发，散作乾坤万里春。

【赏析】

冰天雪地的树林中，白梅傲然开放，她不像桃李一样把芳香与尘垢相混同。忽然在一个夜里花儿盛开，清香四溢，弥漫整个大地，散作了

天地间的万里新春。

这是一首题画诗。前两句写梅花冰清玉洁，傲霜斗雪，不与众芳争艳的品格。后两句借梅喻人，写自己的志趣、理想与抱负，表达自己的人生态度以及不向世俗献媚的高尚情操。

梅花九首 其一

〔明〕高启

琼姿只合在瑶台，谁向江南处处栽?

雪满山中高士卧，月明林下美人来。

寒依疏影萧萧竹，春掩残香漠漠苔。

自去何郎无好咏，东风愁寂几回开。

【赏析】

梅花如此瑰丽的姿态只适合生长在瑶台上，不知是谁将它放到江南，使整个江南处处是它的身影？大雪纷飞，整片山林银装素裹，梅花如一位高人隐士独卧于其中。月光洒下，它又像一位美人在翩翩起舞。寒冬时依傍着梅树的萧疏竹影，初春时梅香又盖住了一簇簇苔藓的青草之香。南朝诗人何逊创作了咏梅佳作，从此之后再没人能比得上了，梅花寂寞守了这许多年，又开了几回呢？

明代诗人高启在作此诗时以梅花孤傲的品质自喻，“琼姿”般的梅花更应该高居于瑶台之上，远离世俗喧嚣，诗人以“雪中高士”“月下美人”来形容梅花，展现了梅花清冷高洁的品格。

湖上梅花歌四首 其二

〔明〕王稚登

山烟山雨白氤氲，梅蕊梅花湿不分。

浑似高楼吹笛罢，半随流水半为云。

【赏析】

春雨迷蒙，山上云雾缭绕，细雨霏霏，雾气、雨丝和那满山开放的梅花，形成氤氲的白气。花瓣和花蕊粘在一起，也分不开。看到这美景，我仿佛听见高楼吹笛，笛声悠扬恍若从天际传来，余音绕梁，像流水般流转，又如白云般美妙。

诗人用笛声比喻梅景，又用白云流水比喻笛声，曲折婉转，清新隽永。笛声悠扬悦耳，沁人肺腑，高楼吹笛，其声恍若天际传来，更能启发人的遐思远想。于是，在音乐的听觉形象辅助下，读者不禁沉浸其中感受这奇妙景象。

早 梅

〔明〕道源

万树寒无色，南枝独有花。

香闻流水处，影落野人家。

【赏析】

雪花翩翩而下，给万树披上了银装，没有绚丽的色彩，唯独向南的枝条上有着点点花朵。漫步在小溪旁，我嗅到了丝丝清香，抬头一看，只见梅花的影子映在农家的墙壁上。

此诗描写了雪中梅花临溪绽放的场景。漫天雪花之中，万物银装素裹，

只有南面向阳枝条上的梅花迎寒绽放，赞美了梅花不畏冰雪、孤傲高洁的气节。

山中雪后

〔清〕郑板桥

晨起开门雪满山，雪晴云淡日光寒。

檐流未滴梅花冻，一种清孤不等闲。

【赏析】

清晨起来刚一开门，看到山头已被一场大雪覆盖。此时，天空已放晴，初升太阳的光芒，透过淡淡的白云，也变得寒冷了。房檐的积雪尚未开始融化，院落的梅花枝条仍被冰雪凝冻。这样一种清冷、孤寂的气氛，是多么不寻常啊！

这首诗由大雪之后的寒冷，突出了梅花坚强不屈的性格，诗人托物言志，含蓄地表现了诗人清高坚韧的性格和洁身自好的品质。写到自己内心深处的凄凉，将景和物交融一起，对历经苦难的身世发出深深的感叹。

梅

〔清〕秋瑾

冰姿不怕雪霜侵，羞傍琼楼傍古岑。

标格原因独立好，肯教富贵负初心。

【赏析】

冰冷高洁的梅花并不害怕霜雪的侵袭，它不慕虚荣，羞于依傍在华美的楼阁生长，而喜欢依傍着古老的山岭，隐居于孤山绿林之中。梅花的风范就是不流于世俗，不与其他凡花俗卉一样去争夺春光夏露，她岂肯因贪爱富贵而改变自己的本性呢?

清朝末年著名的爱国志士秋瑾，自号鉴湖女侠，工于诗文，投身革命后更能用通俗的文体，来宣传革命、提倡妇女解放。她的诗大多是慷慨悲歌之作，格调豪放雄健，充满英雄气概。这首咏梅诗，朴实清新，寓意深远，更体现了才女的不凡胸襟。

梅花进万家

梅花为自然界之尤物，具有傲霜斗雪、不畏严寒、万花敢向雪中出的精神，历来为广大文人雅士和人民群众所喜爱。为使梅花保持生长旺盛，年年花开繁密，日常精细养护很重要。

梅花种植

居家养梅主要以盆梅为主。下面以盆梅为主介绍一些养梅知识。

家里的阳台、平台、庭院中都可用盆或缸来栽种梅花。南朝向的阳台通风状况好，日光最充足，最适合盆养梅花了。有屋顶或中层平台的住户，相当于拥有了小型空中花园，可种植梅花等各种花草。庭院中，凡能满足梅花光照并避开风口的地方，都是居家培养盆梅的理想场所。

1. 准备花盆

一般用泥盆最好，就是常用的普通花盆，也叫瓦盆或素烧盆。选用的花盆大小依梅花大小而定，小梅植于小盆，大的梅花植于大一些的盆中。选盆宜浅不宜深，太深了排水不良，易烂根死亡。

2. 盆梅用苗选购

在众多的梅花品种中，绝大部分都适合用来培养盆梅。单瓣、复瓣、重瓣，红色、粉色、白色等，各具韵味。如果只是自己欣赏，选择自己中意的类型就行；如果栽种比较多或赠与亲朋好友或出售，则品种要求多几个为好。

真正能自己动手繁殖梅苗的梅花爱好者并不多，我们常常需要到一些专业苗圃园选购盆梅用苗。最好选购嫁接苗，以梅砧即本砧嫁接的梅苗为最好。若砧木为桃、杏等，则一定要选嫁接部位低的苗。不管是几年生的多大的梅苗，都要生长健壮，无病虫害，以同类中主干粗壮者为佳。选苗一般都在梅花落叶后的休眠期到萌芽前的这段时间，梅苗不需要带土球，注意保护好根系不受损伤就行。若路途时间比较长，则要注意保持根部潮润。

3. 梅花上盆栽植

在栽种前要准备好盆土。一般要求栽种盆梅的土壤质地疏松、孔隙度大，养分全面充足且富含腐殖质，有良好的保肥保水和排水透气性能，pH 值在 6.5~6.8，以便其最适合梅花根系的生长发育。可以菜园土为主，混入一些腐叶土、泥炭土，再加适量的过磷酸钙、饼肥。可直接购用市面上出售的合适培养土，既方便又卫生。

梅花上盆为裸根上盆或带少量宿土上盆。上盆的时间，应选择在秋季梅花落叶休眠期到早春叶芽即将萌发而尚未或刚萌动时。在上盆前，将准备要上盆的梅苗挖起，去土后剪除主根、劈裂根和过多的粗根，剪短过长的须根和留用的粗根，并根据需要对枝干进行修剪整形。

上盆种植方法如下：

1. 用 2 至 3 个凹碎瓦片凹面朝下将花盆排水孔盖上，使其利于排水透气，防止泥土外流。也可用洗菜篓小块或尼龙网、窗纱代替瓦片。

2. 在盆底放较粗土块或较粗的煤渣粒、砂石等形成排水层，约占盆深的 1/5~1/4（小盆可直接填培养土）。

3. 将培养土铺至盆高的 1/2 时，将盆栽苗放正；或根据梅桩造型不同，将干直、斜、卧植于盆中，上面再填土。

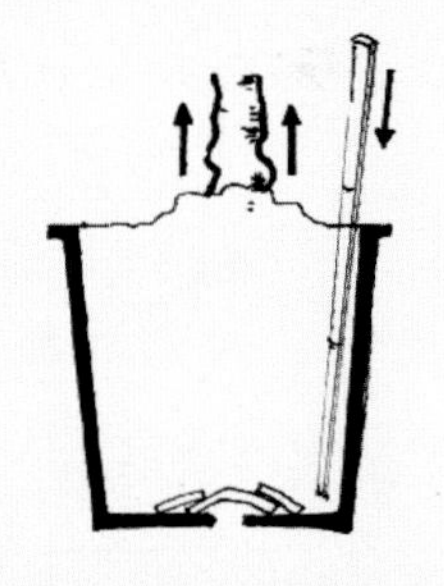

4. 边填土边轻轻将梅花上提，使根系舒展。土填好后轻震花盆，使土下沉，并轻轻地用手指或竹签从盆周向中心将土压实，使盆土与根系密接。

5. 梅株不宜栽深，以原株土痕或稍露根部为好，且盆土离盆口要有 3~5 厘米，即留有水口，以便浇水施液肥时不外溢，并使水肥一次浇满水口能渗透到盆底，即浇透。

6. 上好盆后，将盆梅摆放在阳光充足、通风良好的庭院、阳台、平台等地方，及时浇一次透水，以浇到有水从排水孔流出为好，使根与盆土密接。

梅树修整

1. 盆梅常用整形修剪方法

疏剪：把一年生枝或多年生枝从其基部剪除叫疏剪。疏剪可以调节枝条。

短截：将一年生枝或多年生枝剪去一部分为短截，也称短剪。

抹芽：盆梅萌芽后，用手指抹去嫩芽称为抹芽或除萌。

摘心与捻梢：在生长期新梢未木质化前用手摘去枝条顶端生长点处 3~5cm 叫摘心。捻梢是当枝条长到需要的长度时用手轻轻将顶梢揉搓，破坏芽的生长点，但不将其弄断（以免发二次枝），也叫捻头。

蟠扎：以粗细适宜的金属丝如铅丝、铝丝及棕绳，将梅花枝干进行各种形状的弯曲造型，也叫攀扎、绑扎等。

2. 梅花盆栽的整形修剪

梅花盆栽的整形修剪与露地梅花有些相仿，都顺应梅花自然生长姿态，通过整形修剪，使分枝布局更加合理美观，有利于开花观赏，只是由于盆栽要把树冠控制得比较小（株高控制在 50 厘米左右），既方便观赏又适应盆土少、营养有限的环境，所以修剪程度要重得多。

整形修剪方法如下：

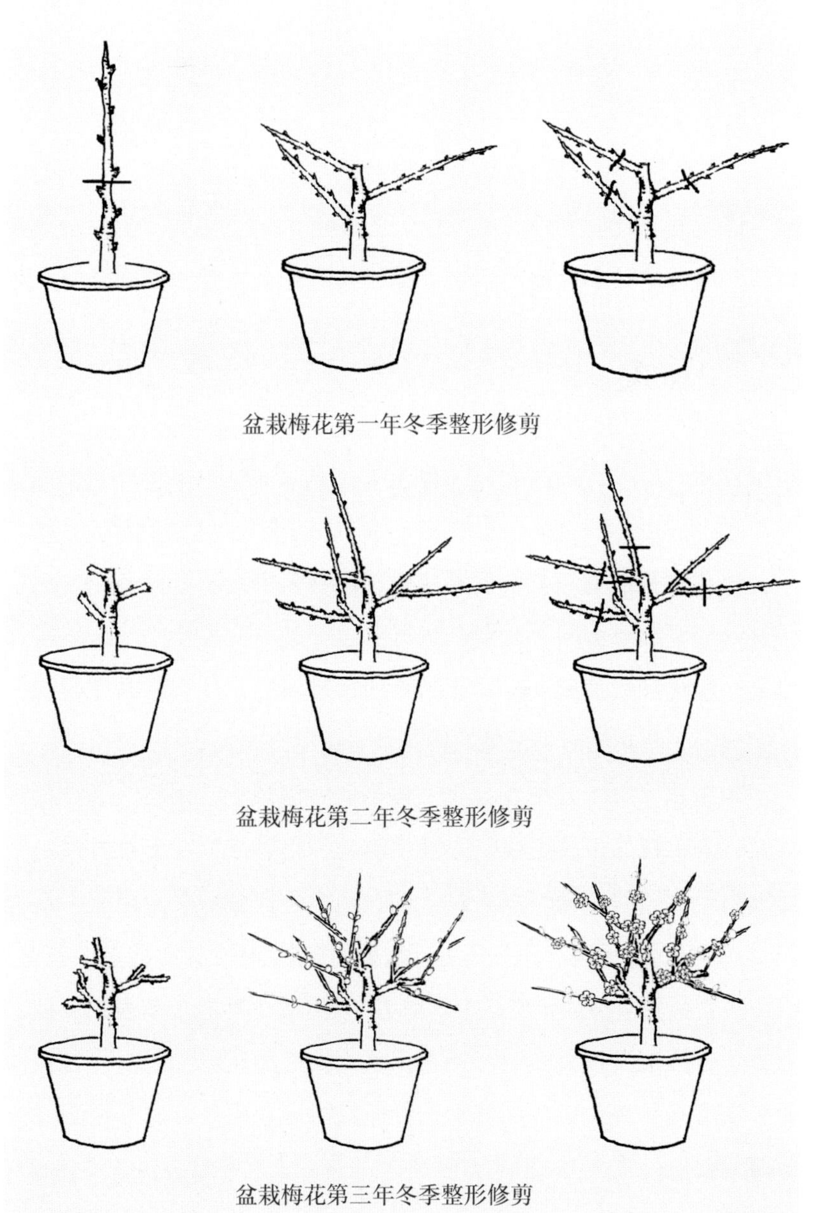

盆栽梅花第一年冬季整形修剪

盆栽梅花第二年冬季整形修剪

盆栽梅花第三年冬季整形修剪

盆栽梅花的整形修剪包括冬季修剪和夏季修剪，只是冬剪需在观花后、萌芽前立即进行。冬季修剪先疏除破坏树形的直立枝、交叉枝、重叠枝、过密枝、枯死枝、病虫害枝等，再对留存的一年生枝条在5厘米处（约有3~5个芽饱满芽）短剪，促发健壮新枝来年开花。应该注意的是，随着分枝级数增多，树冠会上移，这就要根据具体情况，及时回缩2年生以上的枝条，促使其基部萌芽发梢来更新，以保持矮小紧凑的树冠，促使年年开花繁茂。夏季修剪主要是实施抹芽、捻梢、拉枝等整形修剪措施，使枝梢分布合理，疏密有致，树姿丰满优美。

3. 梅花盆景造型

梅花盆景造型一方面要顺应梅花的自然生长趋势，另一方面要通过一些整形修剪的手法对其进行艺术加工，使梅花改变自然生长趋势，造就自然美和人工美相结合的理想树姿，从而提高它们的观赏价值。下面介绍两种常见的梅花盆景造型方式。

斜干式：斜干式梅花盆景，树干向一侧倾斜，侧枝、小枝疏密有间，分布自然，疏影横斜，静中蕴动，潇洒豪放。上盆时将主干略为向一侧倾斜栽植，以后每年都在同一方向顺势去直留斜，延长倾斜式主干直到所需长度。在主干造型的同时，还要注意侧枝的蓄留，也作去直留斜重剪或作弯，造成斜生自然态势。侧枝上萌发的新枝，依盆景整体造型作自然状态修剪。整株梅桩经艺术加工后，各级枝条分布自然美观。以后的修剪，一般只对一年生枝在花后留2~3个芽剪截就行。

斜干式造型方法如下：

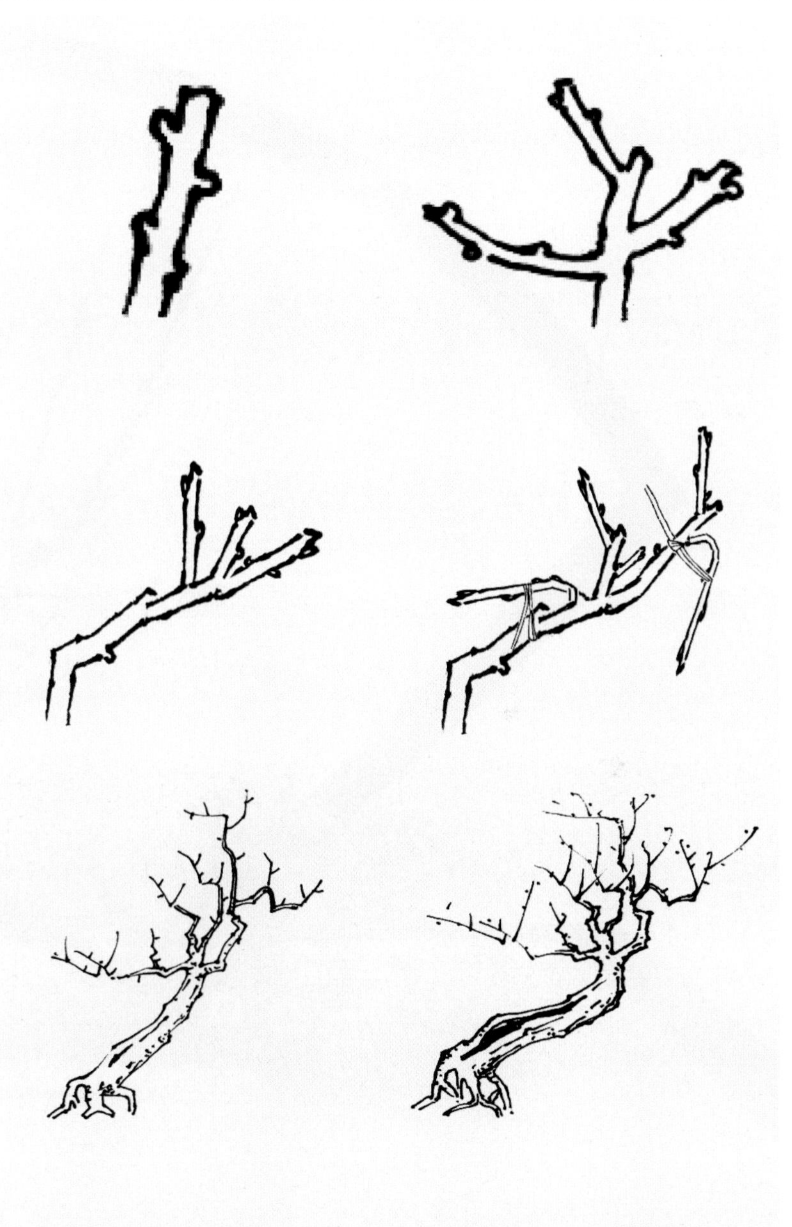

曲干式：从幼树开始将主干蟠扎成不规则的弯，但弯不宜过多，1~3 弯即可，要求弯曲自然多变，富有动感。先用棕绳套在主干地面基干处固定，慢慢弯曲主干延长枝，调节棕绳松紧，达到需要的弯度时，将棕绳在其适当部位打结固定，完成主干第一曲。再用同一棕绳蟠扎成第二和第三弯，使树干自然蟠曲向上。也可用铅丝缠绕使主干弯曲。侧枝要根据整个造型态势在主干适当的部位的蓄留 2~3 枝，亦不宜过多，并可适当作些与主干协调的小的自然弯曲。小枝则剪成自然状。

曲干式造型方法如下：

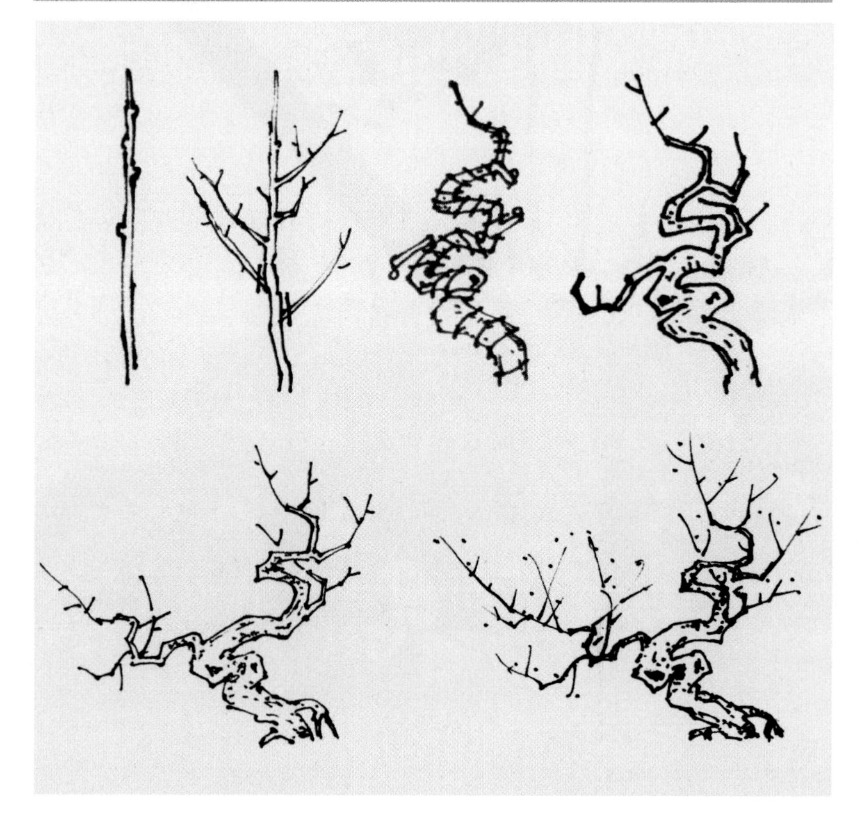

梅花繁殖

梅花普遍采用嫁接繁殖。嫁接繁殖先要繁殖砧木苗，再嫁接上所需的品种。嫁接主要采用芽接，嫁接所用砧木通常选用梅（本砧）、桃、杏、李等的实生苗，最好的是梅本砧。

嫁接（芽接）时注意要做到“削平、对准、绑紧、迅速”。“削平”是指砧木和接穗都要平，“对准”是指砧穗的的形成层要对准，至少要对准一边。同时，要用有弹性的塑料薄膜绑紧，嫁接速度要快，以免切面的氧化而影响亲和力。

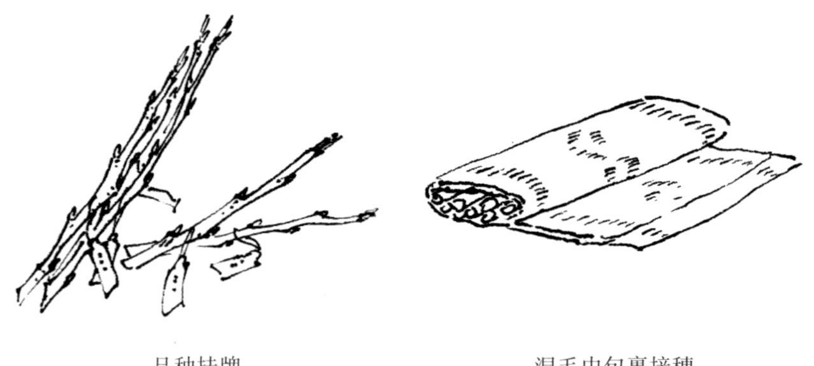

品种挂牌　　湿毛巾包裹接穗

接穗选取生长健壮、芽子饱满的枝条，挂牌写上品种名称，用拧干大部分水的湿布包好，并最好随采随接，减少存放时间。若接穗较多，一时难以接完，可将接穗放在冰箱冷藏室或在阴凉处湿沙中保存。

芽接主要采用嵌芽接。削取接芽时，先在接穗的芽上方 0.5~0.8 厘米处向下略带木质部稍斜平削一刀，长约 1.5 厘米，然后在芽的下方 0.5 厘米处横着向下斜切呈 30 度角到第一刀口底部，取下芽片。砧木的切口用与削切接芽一样的方法削下一个芽片，只是比芽片稍长，将接穗芽片插入切口，必须有一面的形成层与切口的形成层对齐，并应注意芽片上端必须露出一线砧木形成层，最后用有一定弹性的塑料薄膜绑紧，接芽外露或包在里面都可。

芽接后，要注意土壤的浇水，若土壤干旱会影响接芽成活。芽接成活的植株，一般在萌芽前 1 个月左右进行一次性剪砧。剪砧时在接芽上端 0.3~0.5 厘米处将砧木剪除。

接芽开始萌发的同时从砧木基部会不断长出萌蘖，要一律尽早抹除，并做到随出随抹。芽接苗在接芽抽发的新梢下部又能形成一些比较弱的二次梢，一般要及时去除，以集中养分使新梢长壮。同时加强松土除草、肥水及病虫防治管理。

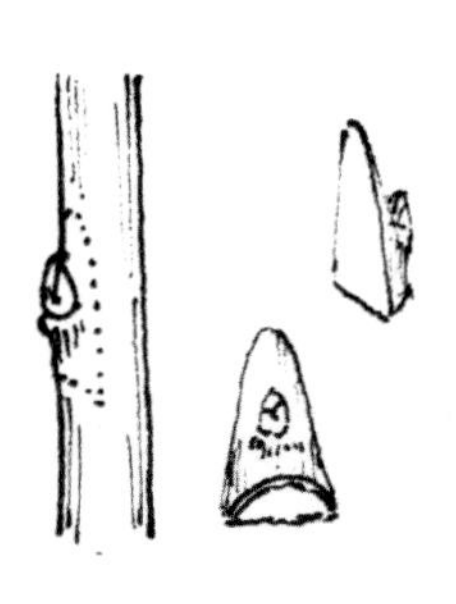

1. 削接芽

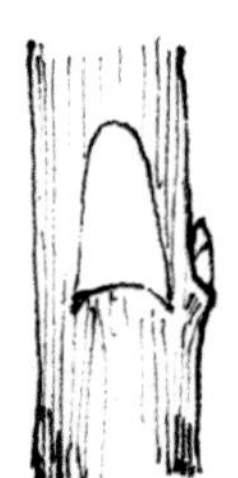

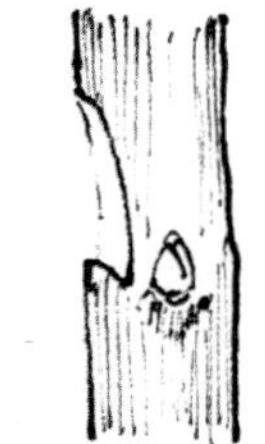

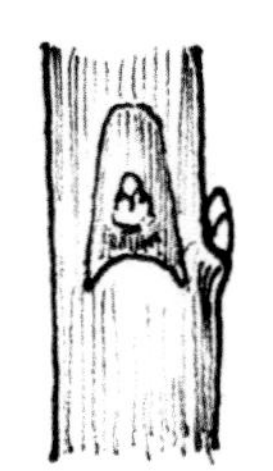

2. 削砧木接口

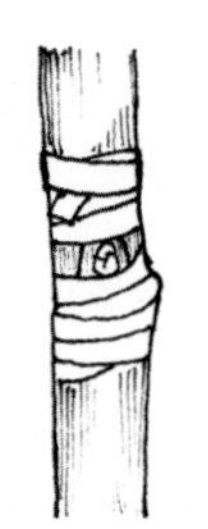

3. 贴芽、捆绑

梅花养护

松盆土俗称耖盆，是一项经常性的工作。不断地给盆梅浇水施液肥，以及下大雨后，盆土会变得板结。这时就需要我们用小竹签或小耙子疏松土面，改善盆土的通气性，同时除去土面上的青苔和杂草。松盆土时要沿盆边进行，注意不要伤及梅花根系。松盆土后，再浇水和施肥，有利于肥水的渗透和根系的吸收。

2. 盆梅浇水

（1）盆梅浇水的原则

浇足定根水：新上盆或换盆的梅花，第一次的定根水必须浇足，将盆土完全浇透，以免新移栽的梅花失水萎蔫。或用浸盆法达到浇足定根水的目的。一般而言，盆梅浇水应遵循以下几项原则。

“不干不浇，浇则浇透”原则：“不干不浇”即等到盆土发白，表里基本干透了才浇水即见干，目的是使两次浇水之间有个间隔时间，使土壤有充足的氧气供根部吸收，不要时不时地给盆梅浇水，造成盆土长期处于渍水状态而一直没有干燥的时候，使盆土内空气含量过少，影响根系的生长和吸收功能，甚至造成烂根死亡。“浇则浇透”，就是在给盆梅浇水时要每回都一次性浇足浇透，使盆土

上下表里全部浇湿透，看到有水从花盆底部排水孔中渗出为好，即见湿。

适时的原则：根据季节、气候、盆土及盆梅本身的不同情况，在盆梅需要水的时候能及时浇入，而且还要根据季节掌握好一天中的浇水时间，即适时的原则。在早春和秋冬季，浇水宜在中午前后进行，初夏到初秋炎热季节，一般在早晨或上午10时前及下午5时、日落后的傍晚进行。冬季严寒天气则应在气温较高、光照较好的午后1时至2时进行。

适量的原则：在一年四季中，早春温度低，雨水多，一般一星期浇2次甚至4~5天浇一次水。春季一般两天浇1次水。夏季温度高，阳光强烈，至少每天浇1次水，有时还需每天浇水2次。但在盆梅花芽分化时期，即5月中旬左右盆梅新梢捻搓后，应适当减少浇水次数和浇水量，以有效地抑制营养生长，有效促进新梢多进行花芽分化，使其开花繁密，即通常所说的扣水。扣水完后，要恢复正常浇水，以保证花芽的继续发育。秋天一般1~2天浇水1次即可。冬季如果盆土不是十分干就不需浇水，一般每星期浇1次或更长时间浇1次水就成。但在花芽开始发育后、冬末春初绽蕾前再适当增加浇水量，一星期要浇水1~2次，便可收到花繁满枝的观赏效果。

（2）盆梅浇水的方法

常规的浇水方法：家庭培养盆梅浇水的方法常见的就是用浇水壶或小勺将水从花盆沿口边缘的盆土慢慢倒入，把水灌满盆口，盆底排水孔有水流出时为好，不要直接冲向盆梅主干基部。也可采用浸盆法，即将盆梅花盆放入水池或浅水缸内，水深低于盆土土面，让水从盆底部的排水孔慢慢渗入盆土中，直到浸透整个盆土，即看到盆面土都浸湿了为好。

（3）叶面喷水

盆梅所需的水分不仅从土壤中吸取，叶片也可以吸收部分水分。所以我们也常采用叶面喷水雾的方法给盆梅补充水分。特别是在高温、干燥的气候和环境下，由于空气湿度小，水分损失快，对盆梅进行了盆土浇水的同时，在夏、秋季晴天的上、下午给盆梅枝叶喷水 1~2 次补充水分。在阳台盆栽梅花得到自然雨露少，进行叶面喷水还有代替自然雨露的作用。

3. 盆梅施肥

（1）盆梅合理施肥的原则

与浇水一样，盆梅合理施肥的原则为适时、适量、适当。早春只需在新梢长成 4~5 厘米时，若表现色黄及生长柔弱，施一次以氮肥为主的少量催芽肥即可。此后一般 7~10 天施 1 次肥。夏季梅开始进入枝干增粗生长和花芽分化时期，需肥量较多，应多施加一些追肥，特别是要增施磷钾肥，一般一星期要施 1 次肥。冬季盆梅进入休眠期，一般不要施肥，但在冬末春初，盆梅花芽开始膨大孕蕾时，要施一次肥。

（2）盆梅施肥的方法

施基肥：又叫施底肥，是在盆梅上盆或换盆换土时，将发酵腐熟的饼肥等施入培养土中的施肥方法。过磷酸钙和骨粉也常与有机肥一起作基肥使用。基肥的使用有两种形式。一种是将腐熟的基肥掺入培养土中，一般 9 份培养土中加 1 份基肥，或 8 份培养土中加 2

份基肥，拌和均匀后，再用来栽种盆梅；另一种是将基肥施在盆底排水层的上面，与少量培养土充分拌和后，肥上再覆一层培养土后栽种盆梅。

施追肥：常用的追肥主要是含氮、磷、钾的无机肥料即化肥，如尿素、磷酸二氢钾等和从市场上购买的多元素复合肥。施追肥多是采用施液肥的形式，即将所要用的追肥加水稀释到一定浓度（一般的浓度多在 0.5%~1%），将其从盆面直接浇施至盆土，以浇透而不浇漏为好。在生长季节施追肥时以薄肥勤施为好，“施肥莫施稠，施多要焦头”。除施用液体追肥外，有时也将少量的颗粒状磷钾复合肥、过磷酸钙粉、豆饼或菜饼的粉末等均匀地埋施在盆土的浅表层来追肥，利用浇水将肥慢慢溶化施入根部。

叶面施肥：叶面施肥也叫根外施肥。在盆梅生长发育旺盛需某种肥最多的时候和表现微量元素缺乏症状时，经常用叶面施肥来补充。如在盆梅花芽分化时期，可结合病虫害防治或单独叶面经常喷施磷酸二氢钾溶液；在叶片氮素营养不足，叶色发黄时及时喷施尿素有很好作用。叶面喷肥一般以 7~10 天喷一次为宜，要低浓度多次喷，以免浓度过大造成肥害而烧伤叶片。常用的尿素、磷酸二氢钾喷施浓度一般为 0.2%~0.3%。市场上也有已配合好的叶面肥，如叶面宝、花蕾宝等，在使用时，按说明书上的浓度喷施就行。

4. 盆梅常见病虫害防治

盆梅的病虫害还是比较少的，主要有以下几种：

（1）炭疽病：该病危害梅叶及嫩梢，产生半圆形或不规则形灰

炭疽病病叶

褐色病斑，严重时引起病叶早落或嫩梢枯死。在叶芽萌发后的 4 月上中旬开始喷一次炭疽福镁 800 倍液，10~15 天再喷一次即可。

（2）蚜虫：群集在盆梅嫩梢、叶背上吸汁危害，造成叶片卷曲，凸凹不平，枝叶上有时还覆盖白色蜡粉。少量发生时，将蚜虫及时用手捏死即可；在庭院中培养盆梅数量多时，可选用氯氰菊酯 1000 倍液等喷雾，效果较好。

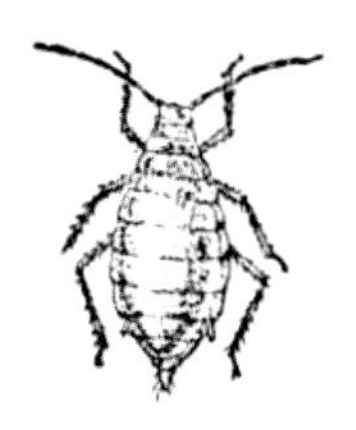

蚜虫

（3）红蜘蛛：红蜘蛛是一种红色小虫，形如蜘蛛，用肉眼能看到。5~7 月间经常检查梅叶，当叶正面有针头样的黄白点，或用一

红蜘蛛

张白纸摩擦叶子背面，有红色汁液沾在上面即说明有红蜘蛛危害了，仔细看也可看到叶背的红色小虫，有的还在爬动。在盆梅数量少、发生轻时，最简单的办法是用手抹杀或在叶背喷水将其冲掉。用药物防治也要趁早，一般平均每叶上有 2~3 头即要进行喷药防治，以后根据情况防治 1~2 次。可用 25% 扫螨净 1500 液等杀螨剂喷洒杀之。因红蜘蛛虫体小，又在叶背，一定要注意喷药质量。

编后语

为了凸显东湖人文特色，彰显东湖文化魅力，进一步发挥东湖风景区强大的怡情育人功能，东湖风景区管理委员会旅游局组织编写了这套《东湖花事》丛书。这套丛书以“东湖花事”为主题，分别集中介绍东湖“梅花”“荷花”“樱花”“牡丹”，希冀能促进广大游客进一步认识东湖，让游客有一种“走进东湖眼里有花，离开东湖花在心中”的游览效果。

《东湖花事丛书·东湖梅花鉴赏手册》是丛书系列之一。本书编写过程中，得到了中国梅花研究中心、湖北大学文学院、武汉出版社等单位的大力支持。左晓华、蒋红森、毛庆山担任全书总策划，负责提纲拟定和统稿审定等工作，江润清、万明明、毛爱峰协助承担了全书审稿统稿工作。全书分六章，各章编者如下：第一章崔冬婉；第二章江润清、熊彩凤；第三章晏晓兰、易明翾；第四章陶冬枝、邹陶淑童；第五章吴秋爽、周欣怡、徐欢、邓子依；第六章晏晓兰、熊焰。图片提供：江润清、戚永安、王彬、甘昆琳。

本书编撰者大多是中国梅花研究中心和湖北大学文学院的同志们，有些内容源于他们研究的成果，有些是他们基于相关资料的搜集整理和修正改编，如“梅花故事”“梅花诗词”等。本书所有图片都是由图片提供者在东湖实地选景拍摄。在此，对各位编撰者的辛勤工作表示感谢，同时对那些为本书编写作出了贡献的各位朋友表示由衷的敬意！

由于水平有限，资料不够齐全，书中难免疏漏和错误，恳请读者批评指正。

这是一本“轻”书：读者可以“轻拿”，阅读可以“轻松”，享受或许“轻快”。但愿这本书能在你心中开出一朵脉脉怀香的“梅花”。

武汉东湖风景区文化旅游体育局

2021 年 12 月

(鄂)新登字 08 号

图书在版编目(CIP)数据

东湖梅花鉴赏手册 / 武汉市东湖风景区文化旅游体育局编.
— 武汉：武汉出版社，2022.9
(东湖花事丛书)
ISBN 978-7-5582-5468-0

Ⅰ.①东… Ⅱ.①武… Ⅲ.①梅花－鉴赏－武汉 Ⅳ.① S685.17

中国版本图书馆 CIP 数据核字（2022）第 162835 号

东湖梅花鉴赏手册

编　　者：武汉市东湖风景区文化旅游体育局
责任编辑：朱金波
封面设计：邹　懿
内文设计：刘　蕾
出　　版：武汉出版社
社　　址：武汉市江岸区兴业路 136 号　　邮　　编：430014
电　　话：(027) 85606403　　85600625
http://www.whcbs.com　　E-mail:whcbszbs@163.com
印　　刷：武汉精一佳印刷有限公司　　经　　销：新华书店
开　　本：880 mm×1230 mm　　1/32
印　　张：7　　字　　数：160 千字
版　　次：2022 年 9 月第 1 版　　2022 年 9 月第 1 次印刷
定　　价：68.00 元

关注阅读武汉
共享武汉阅读